U0341706

江西理工大学清江学术文库
国家自然科学基金项目资助

活性粒子的输运、扩散和集体行为

廖晶晶　著

北　京
冶 金 工 业 出 版 社
2023

内 容 提 要

本书首先对活性粒子体系的研究意义和研究现状进行回顾和综述，同时对与活性布朗粒子动力学性质相关研究做了相应的总结。以活性粒子为研究对象，采用朗之万方程及非平衡统计理论研究体系，系统研究活性粒子的非平衡统计性质（输运、扩散和集体行为）。本书一方面可以丰富非平衡统计物理理论；另一方面，可为相关实验研究提供理论支持和实验指导。

本书可供从事非线性动力学研究的研究生及科研人员参考。

图书在版编目(CIP)数据

活性粒子的输运、扩散和集体行为/廖晶晶著. —北京：冶金工业出版社，2021.8（2023.1 重印）

ISBN 978-7-5024-8837-6

Ⅰ.①活…　Ⅱ.①廖…　Ⅲ.①粒子物理学—研究　Ⅳ.①O572.2

中国版本图书馆 CIP 数据核字（2021）第 138893 号

活性粒子的输运、扩散和集体行为

出版发行　冶金工业出版社　**电　　话**　(010)64027926
地　　址　北京市东城区嵩祝院北巷 39 号　**邮　　编**　100009
网　　址　www.mip1953.com　**电子信箱**　service@mip1953.com

责任编辑　王　双　美术编辑　吕欣童　版式设计　郑小利
责任校对　梁江凤　责任印制　禹　蕊
北京建宏印刷有限公司印刷
2021 年 8 月第 1 版，2023 年 1 月第 2 次印刷
710mm×1000mm　1/16；9.25 印张；178 千字；138 页
定价 59.00 元

投稿电话　(010)64027932　投稿信箱　tougao@cnmip.com.cn
营销中心电话　(010)64044283
冶金工业出版社天猫旗舰店　yjgycbs.tmall.com
（本书如有印装质量问题，本社营销中心负责退换）

前　言

复杂环境中活性粒子的非平衡统计性质在生物、化学以及纳米技术领域受到各科学工作者越来越多的关注。与被动粒子不同，自驱动粒子（self-propelled particles）又称为活性物质（active matter）或者微纳米泳（microswimmers），因为其内在的非平衡性质使它可以从外界环境中获取能量并转化为定向运动。它广泛存在于自然界和工业生产中，包括微生物（如各种各样的细菌）、细胞（如精子）以及人工合成的活性粒子。已有的研究结果表明，不同种类的活性粒子在不同的环境下表现出了丰富的奇异现象，如集体行为、定向运动和急剧扩散等。经过许多学者的不懈努力，已经建立了分析活性粒子非平衡统计性质的基本理论和实用方法。这些方法为本书的研究奠定了扎实的基础，并提供了良好的思路。然而，与活性粒子的非平衡统计性质相关的研究仍不完善，仍有不少有待进一步探究的课题，在研究对象和研究内容上还有许多问题需要解决。如将研究对象设为惯性活性粒子或低对称性粒子；考虑多种粒子间的相互作用；在研究内容上从整流和扩散研究拓展为研究非平衡相行为，如结晶、玻璃化等。

本书共分7章。第1章简要介绍了活性粒子的研究进展及活性粒子系统的相关基础知识；第2章介绍了二维通道中浸置在手征活性粒子浴中的V形障碍物的输运，以及温差条件下手征活性粒子驱动封闭圆环的输运；第3章研究了顺磁性椭球粒子在旋转磁场下的输运和扩散；

第 4 章研究了活性粒子在二维时间振荡势中的流反转；第 5 章研究了惯性活性粒子在高密度下发生的结晶行为；第 6 章提出了用外加的时间延迟反馈和外加旋转磁场来分离不同手性粒子的两种新方法；第 7 章对本书的研究内容作总结以及对今后研究作展望。

本书的主要内容是基于作者本人从攻读博士期间到目前为止在活性粒子的非平衡统计领域所取得的创新性成果。攻读理论物理专业博士学位的三年时间里，在导师艾保全教授和课题组老师的精心指导下，我走进了理论物理的科学殿堂，并全身心地投入到低维系统物质和能量的非平衡定向输运的研究。由华南师范大学资助，博士期间赴德国杜塞尔多夫大学物理系访学，师从 Hartmut Löwen 教授，这段访学经历丰富了我的科研阅历，开拓了我的视野，磨炼了我的意志。本著作的成果凝聚了导师艾保全教授和课题组相关指导老师的心血，以及作者的辛勤劳动。本书的相关研究得到了国家自然科学基金项目（项目号：12265014 和 11905086）、江西理工大学清江人才项目、江西理工大学博士科研启动项目、江西省自然科学基金项目“惯性效应下活性粒子的动力学性质”（项目号：20192BAB212006）、“对齐相互作用下活性物质的动力学和相行为”（项目号：20212BAB201015）及江西省赣州市科技创新人才计划青年人才项目（项目号：202101095077）的资助。本书的出版由江西理工大学清江学术文库赞助，在此一并致以诚挚的感谢。

由于作者水平有限，书中不足之处，恳请广大读者予以指正。

廖晶晶

2021 年 3 月

目　录

1 绪　　论

1.1 研究意义

活性物质是软物质领域和非平衡统计物理中一个迅速发展且重要的研究方向[1]，它包括人工胶体和微生物，如细菌、肌动蛋白丝、活性生物、活性组织、运动蛋白、精子和原生动物。活性物质体系在尺度上分布很广，从宏观的鱼群、鸟群到毫米尺度的颗粒物质再到微米尺度的人工胶体、细菌和海藻。这些粒子可以从环境中获得能量实现自主向前运动。科学家们提出了各种各样的自驱动机制，如激光照明、浓度梯度等方法来实现人工胶体的自我驱动。由于这种独特的性质，活性物质体系具有一系列热力学平衡体系不具备的动力学性质且表现出新奇的现象。研究活性物质开辟了从统计物理学的角度去研究生命体系和复杂多体非平衡体系的新方向，为揭示新型物理提供了巨大的希望，同时也为设计智能设备和材料带来了新的策略。

能够自主运动的自驱动粒子的研究在过去的十多年间得到了飞速的发展。由于它们能将周围环境中的能量（化学能、电磁能、热能、声能等）转化为自身运动，与日常生活中的马达有些类似，因此也常被研究者称为微马达（或微纳机器人、胶体马达等）[2,3]。微马达的运动和相互作用可比拟于自然界中的细胞或细菌，因而被认为是一类新型的仿生智能材料。借由在微纳米尺度上控制粒子的运动与组装，可以实现低维材料的自下而上合成，这也是制备未来微纳米机械甚至是机器的重要手段。近年来，科学界在微纳马达的制备、控制、应用和模拟等多方面取得了大量突破。通过研究活性粒子的非平衡统计性质，可以为设计具有特定功能（如生物传感器、环境污染治理、药物可控释放等）的纳米机器提供指导。

1.2 国内外研究现状及发展动态

国外研究主要集中在活性粒子的集体行为和定向运动两个方面。(1) 集体行为：近几十年来，活性粒子的集体行为得到了越来越多的关注并被广泛研究，许多有趣的集体行为被揭示并得到解释。从小尺度的细菌菌落、细胞组织、人工合成的活性粒子，到大尺度的动物集群，如鸟群、鱼群、蜂群的聚集现象，自驱动粒子表现出与被动粒子的集体行为不同的相分离、结晶、群集运动、团簇等现象[4-8]。1995 年，Vicsek 等人[9]提议了一种最小群聚模型，该模型认为每个粒子受到它周围粒子的作用其局域速度受到调制，并通过一个自发对称破缺使大尺度集体运动得以出现。此后 Vicsek 模型的一些统计性质（包括模式形成和有序无序转变）被广泛研究。Couzin 等人[10]进一步发展了 Vicsek 模型并增加一些生物学相关的特点，重现了一些群聚动力学。Narayan 和 Ramaswamy[11]研究发现活性棒状粒子能够在很低密度下形成动态团簇。这些团簇的形成起源于系统的非平衡态特性，是自驱动系统特有的现象。Deseigne 等人[12]研究了振动圆盘在自驱动力和硬核排斥作用下发生了大规模集体运动。为解释团簇的形成，Cates 和 Tailleur[13]提出了自驱动导致相分离（motility-induced phase separation）的理论观点。Buttinoni 等人[14]实验研究了“Janus”粒子悬浮液的动态聚集和相分离，发现在高粒子密度时，此悬浮液经过相分离而形成大的聚集和一个稀薄的粒子气相。(2) 定向运动：一些实验研究揭示活性粒子的自驱动能力在纳米尺寸的棘齿形结构[15]或不对称漏斗型结构[16]中能发生定向运动。过阻尼运动细菌能在一列不对称垒的作用下发生整流现象[17]。Angelani 等人[18]研究了势的不对称性能够诱导奔跑翻滚粒子发生定向运动。Ghosh 等人[19]研究了周期通道中的自驱动粒子的输运，发现整流效果远远大于普通热棘齿。Van Teeffelen 和 Löwen[20]发现横向力的存在可以引起手征活性粒子的纵向运动。Mijalkov 和 Volpe[21]通过数值模拟发现利用椭球手性花环结构可以俘获不同手性的活性粒子。Nourhani 等人[22]研究了二维周期势中的手征活性粒子的输运，并利用势的不对称性实现了粒子分离。

国内研究主要在布朗粒子和活性粒子的整流输运及扩散性质方面做出了卓有成效的工作。贾亚[23]揭示了两个关联噪声对棘齿系统流反转的影响，发现噪声的关联强度决定了定向流的方向。郑志刚[24]提出对称的耦合系统和周期外势或外力能导致马达的定向运动。近期他们还研究了在反馈控制棘齿系统中，带有两只耦合脚的惯性布朗粒子在外加周期力作用下会产生共振流[25]。展永和赵同军[26]研究了空间随机势垒下布朗粒子整流规律。包景东[27]在布朗粒子反常扩散理论方面做了相当重要的工作，并发现惯性效应能诱导粒子整流速度增大和多次流反转。谢崇伟[28]提出了在欠阻尼机制下分离不同质量粒子的方法。李静辉[29]利用平均场近似理论和粒子输运理论，得到了双重噪声驱动的耦合晶格系统稳态概率流的精确解析解，研究发现在势和噪声都对称的情况下，晶格的耦合会诱发定向流。朱世群[30]利用福克普朗克方程理论解析了交叉关联噪声下的活性粒子输运性质。梅冬成[31,32]研究了振荡马达反常扩散及绝对负迁移的产生。Li 等人[33,34]数值研究了双面粒子（Janus particles）在波纹通道中的扩散，以及棒状粒子在波纹通道中的扩散性质。艾保全[35,36]数值研究了二维周期势中无相互作用的惯性粒子的输运和扩散性质，得到了惯性效应对无相互作用活性粒子的影响，以及发现了蜂窝状流能诱导惯性粒子产生巨大的负迁移。

1.3 活性布朗粒子的理论模型

1.3.1 软物质和活性物质

“软物质（soft matter）”这个词最近被用于一个特定的研究领域，在该领域，从物理、化学和生物学三种不同角度研究与聚合物、胶体粒子、表面活性剂和液晶有关的问题。作为一个具有多样性的研究领域，给软物质定义是一个挑战。Pierre-Gilles de Gennes[37]被认为是该领域研究之父，他将复杂性和柔性作为软物质的主要特征。复杂是因为软物质中的每一个组成部分都由数千个原子组成；柔性是因为软物质系统可以受到很弱的外力而发生很大改变。日常生活中存在大量的软物质，如我们小时候玩过的黏土，用手指按黏土就可以成型。黄油和果酱具有固体形态且很容易用来涂抹，所以也属于软物质。再如番茄酱、蛋黄酱、生奶油、牙膏、剃须膏、油漆和指甲油等。研究证明，软物质有3个特征：(1) 软物质特征尺度范围介于原子和宏观尺寸之间，即纳米和微米范围之间（1nm~1μm）。对于聚合物链，长度范围在几十纳米量级；对于胶体粒子，长度最大为1μm。软物质尺度与原子尺度、宏观尺度的比较如图1.1所示。(2) 由温度涨落驱动的布朗运动很重要。布朗运动是软物质系统的粒子由于受到周围介质的撞击而发生连续的随机不稳定运动。布朗运动是1827年由罗伯特·布朗首次用光学显微镜在水中的花粉中观察到[38]。不久，布朗发现无生命的黏土和沙子颗粒也表现出同样的不稳定运动。因此由于热波动，软物质系统不断地运动。(3) 它们能够自发地形成有序结构，称为自组装。这3个特征互相交叉，单独任何一个特征都不能解释软物质系统中所看到的奇妙的相行为。

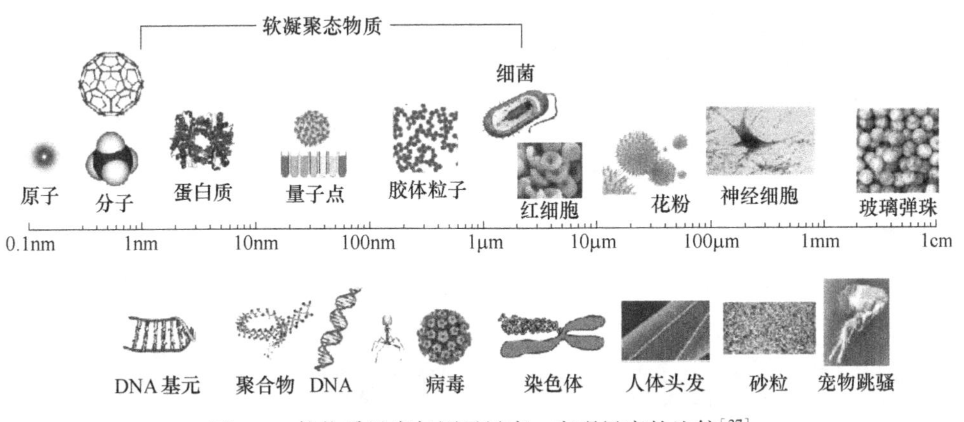

图1.1 软物质尺度与原子尺度、宏观尺度的比较[37]

活性物质（active matter）能够从环境中获取能量，并使其自身远离平衡态[39]。由于这种性质，它们表现出物质在热平衡时无法实现的新颖行为，包括群集和其他集体行为的出现[40]。研究活性物质为揭示新型物理提供了巨大的希望，同时也为设计智能设备和材料带来了新的策略。近年来，人们致力于推动这一领域的发展，并探索其在统计物理学[39]、生物学[41]、机器人学[42]、社会运输[43]、软物质[44]、生物医学[45]等多个学科中的应用。活性物质包括能够自我驱动的自然和人工粒子。自驱动粒子又叫活性粒子，最初是用来模拟宏观尺度上动物的群聚行为。图 1.2 展示了宏观尺度上自驱动生物及其特性，如鸟类聚集[46]、蚂蚁的漩涡形成[47]、行人的通道带形成[48]及鱼类的同步游动[49]。Reynolds[50]在 1987 年引入了一个“Boids 模型”来模拟鸟群、陆生动物群和鱼群的聚集运动。此后 Vicsek 等人[9]介绍了他的同名模型——Vicsek 模型，在该模型中，自驱动粒子以恒定速度运动，且角度为粒子所在局部邻域中所有粒子的运动方向平均[51,52]。群集系统在不同尺度上的许多集体行为具有鲁棒性和普遍性。对于理论物理学来说，找到捕捉这些特征的最小统计模型已经成为一个挑战[53-55]。

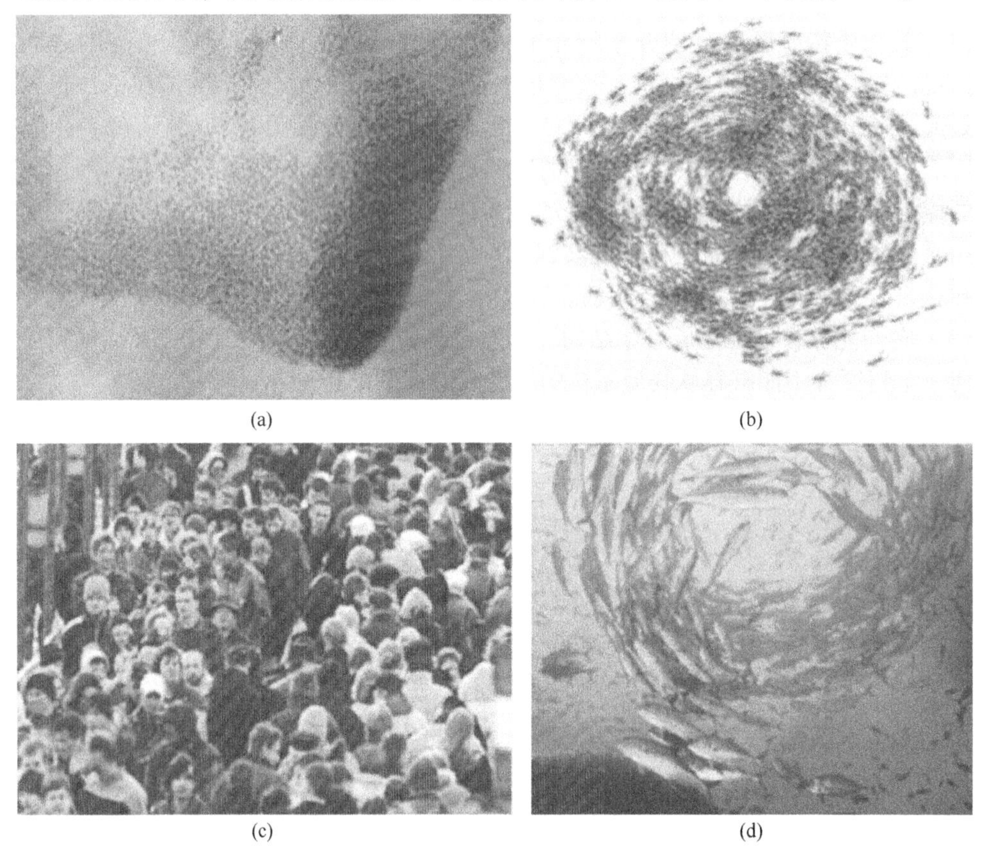

图 1.2 宏观尺度下自驱动粒子的集体行为

(a) 鸟类聚集[46]；(b) 蚂蚁漩涡的形成[47]；(c) 行人的通道带形成[48]；(d) 鱼涡旋群[49]

在微观尺度上，自驱动布朗粒子（active brownian particles）受到物理和生物界的极大关注。这种活性粒子是生物或人造的微米和纳米粒子，它们可以吸收环境中的能量并将其转化为定向运动[56]。一方面，自驱动是微生物的一个共同特征[57]，它使微生物在获得养分或逃离有毒物质时可以更有效地探索环境[58]。一个典型的例子是大肠杆菌等细菌的游动行为[59]。另一方面，近年来在基于不同自驱动机制如利用局部光、浓度、温度梯度等作用下的人工微纳米粒子的制备方面取得了巨大的进展。图 1.3 给出了生物和人工自驱动布朗粒子的分类及相应的尺寸和自驱动速度[1]。图中双面粒子棒是由涂覆 Au 和 Pt 的棒状双面粒子，自驱动机制是棒状粒子 Pt 端发生氧催化作用。双面球形粒子，即当粒子一半涂覆 Au 层时，自驱动机制为在 Au 端局部加热使粒子周围产生温度梯度；当粒子的一半具有吸光贴片时，自驱动机制为由于局部吸光造成温度梯度。涂覆 Pt 层的囊泡的自驱动机制为涂有 Pt 的纳米粒子在 H_2O_2 溶液中产生的气泡。当活性粒子具有结构不对称的特征时，它将受到一个扭矩，此时粒子称之为手征活性粒子[44]，由于自驱动力与驱动方向不在一条直线上，因此它在二维空间上做圆周运动，在

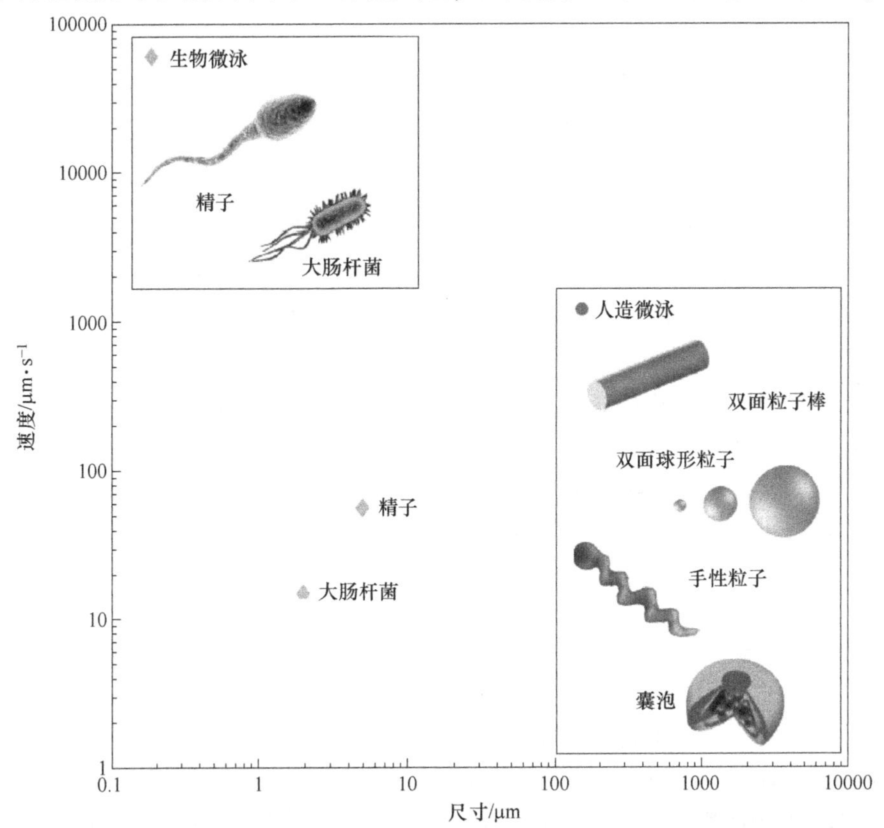

图 1.3 生物和人工自驱动布朗粒子的分类及相应的尺寸和自驱动速度

三维空间上做螺旋运动[20]，如图1.4（b）所示。相比于非手征粒子，手征活性粒子有很多奇异的现象[60]，如自组织、相分离、涡旋等。该类新型活性粒子可以在手征活性流体[61]和许多微生物中找到，如精子[62]、大肠杆菌[63]、单核细胞增多性李司忒氏菌[64]。这类粒子在物理、生物、化学体系中的活性物质输运以及人造纳米机器中扮演着重要角色[44]。值得注意的是，当基底或外部装置摇晃时，基底或外部装置中的被动粒子与自驱动系统非常相似[65]。被动布朗粒子的运动是由与周围流体分子随机碰撞产生的平衡热涨落驱动的，而自驱动布朗粒子则是随机波动和自驱动共同作用的，使其远离平衡状态。因此，只有在非平衡物理学[66]的框架内才能解释和理解自驱动布朗粒子的行为。

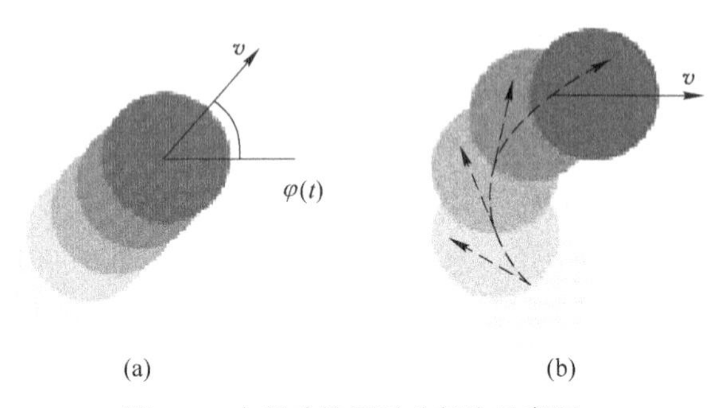

图1.4 自驱动粒子运动行为示意图

（a）无手征自驱动粒子；（b）手征性（顺时针）的活性粒子

从实用的角度来看，活性粒子为解决社会目前面临的一些挑战提供了巨大的希望，特别是个性化医疗、环境可持续性和安全[45,67-71]。这些潜在的应用可以围绕自驱动布朗粒子的核心功能（如传输、传感和操控）来构建。活性物质领域现在面临着各种各样的开放性挑战。首先，有必要了解有生命和无生命的活性物质系统是如何出现普遍性和可调性的，在热平衡时无法实现的集体行为。再者，有必要了解活性粒子在现实生活环境（如活组织和多孔土壤）中的动力学，其中随机性、斑块性和拥挤性可以限制或增强生物和人工微米粒子执行给定任务的方式，例如寻找营养物或运送纳米级目标物。

1.3.2 被动布朗运动

被动布朗粒子在液体环境中运动时受到与速度方向相反的黏滞力作用。此外，由于粒子具有微观尺寸，热噪声的影响不可忽略，因此还受到流体分子产生的热噪声影响。本节我们讨论如何用朗之万方程描述球形粒子的被动布朗运动（passive brownian motion），并利用有限差分方程[72]对其进行模拟。

假设有一个漂浮在一滴液体溶液（如水溶液）中的球形微米粒子（如一个直径为3μm的透明二氧化硅粒子），沉积在一个微观玻璃玻片上。粒子质量为

$m\approx10^{-14}$kg。如果用显微镜观察，将会看到粒子在显微镜载玻片的平板玻璃表面上不规则地移动。每间隔固定时间 Δt，规律地记录粒子的位置，我们发现粒子的平移运动是纯扩散的，两个主要方向的平动扩散常数 D_t 为：

$$D_t = \frac{k_B T}{\gamma_t} \tag{1.1}$$

式中，k_B 为玻尔兹曼常数；T 为绝对温度；γ_t 为粒子的平动摩擦系数（在液体中，$\gamma_t = 6\pi\eta R$，η 为液体黏滞系数，R 为粒子半径）。

该方程为爱因斯坦波动耗散关系最简单的表达式。

对于具有光滑表面的各项同性完美球形粒子，则很难从实验上检测它的方向角度。尽管如此，如果能够测量粒子的方向角度，可以发现，除了不稳定的平移运动外，粒子的方向角度也会随机变化。如果记录方向角度，可发现旋转运动也是纯扩散，转动扩散常数 D_r 为：

$$D_r = \frac{k_B T}{\gamma_r} \tag{1.2}$$

式中，$\gamma_r = 8\pi\eta R^3$ 为粒子转动摩擦系数。

粒子平移和旋转不稳定运动的原因在于胶体粒子与液体分子相互作用。这种相互作用受到温度影响，且在平衡状态下呈现出由麦克斯韦分布得到的速度配分函数[73]。由于粒子与液体分子碰撞，粒子会受到干扰其运动的一个力和一个扭矩（热噪声）作用。粒子在液体环境下的平移动力学由朗之万方程描述：

$$m\boldsymbol{a} = -\gamma_t \boldsymbol{v} + \boldsymbol{F}_{th} \tag{1.3}$$

式中，$-\gamma_t\boldsymbol{v}$ 为流体的黏滞摩擦力；$\boldsymbol{F}_{th}$为均值为 0、方差为 $2k_B T\gamma_t$ 的随机热力。

由于微观粒子的质量很小，通常可以忽略惯性。实际上，忽略惯性效应所需的特征时间是弛豫时间 $\tau_{rel} = m/\gamma_t$，它随粒子质量 m 增大而增大，随 γ_t 增大而减小。对于直径为 2μm 的二氧化硅粒子，它的弛豫时间 τ_{rel}是 0.1μs 的量级，低于实验中采样时间间隔几个数量级（如通过标准 CMOS 相机采集的两帧间时间间隔约为几毫秒）。因此，式（1.3）可以简化为过阻尼的朗之万方程：

$$\gamma_t \boldsymbol{v} = \boldsymbol{F}_{th} \tag{1.4}$$

其中，式（1.3）的惯性项 $m\boldsymbol{a}$ 已忽略。在大部分系统中，$\Delta t \gg \tau_{rel}$，由式（1.4）可以得到所有相关物理量。研究表明[74]，式（1.3）的解在极限 $m\to0$ 下收敛到式（1.4）。

通常，朗之万方程式（见式（1.4））可以写为：

$$\mathrm{d}\boldsymbol{r} = \sqrt{2D_t}\,\mathrm{d}\boldsymbol{W} \tag{1.5}$$

式中，$\mathrm{d}\boldsymbol{W}$ 为 Wiener 过程的导数，平均值为 0，方差为 1[72,75]。

求解方程式（1.5）的数值解最简单有效的方法是有限差分方法。在二维下，方程式（1.5）可写为：

$$\begin{cases} dx = \sqrt{2D_t}\, dW_x \\ dy = \sqrt{2D_t}\, dW_y \end{cases} \tag{1.6}$$

把速度写成 $v_x = \Delta x/\Delta t$，$v_y = \Delta y/\Delta t$，方程式（1.6）得到[4,15]：

$$\begin{cases} \Delta x = \sqrt{2D_t \Delta t}\, W_x \\ \Delta y = \sqrt{2D_t \Delta t}\, W_y \end{cases} \tag{1.7}$$

式中，W_x 和 W_y 实现了平均值为 0 且标准差为 1 的独立随机过程[72,75]。

利用 $\Delta x = x_{n+1} - x_n$，$\Delta y = y_{n+1} - y_n$，可得到有限差分方程：

$$\begin{cases} x_{n+1} = x_n + \sqrt{2D_t \Delta t}\, W_{x,\ n} \\ y_{n+1} = y_n + \sqrt{2D_t \Delta t}\, W_{y,\ n} \end{cases} \tag{1.8}$$

1.3.3 活性布朗运动

活性运动最简单的模型之一是活性布朗运动（active brownian motion），如图 1.5（a）所示。考虑一个自驱动速度为 v 的球形粒子在二维空间中运动。类似于被动布朗粒子，活性布朗粒子也受到影响其平动和转动的热噪声影响。活性布朗粒子由三个变量描述：两个空间坐标 x 和 y 表示粒子空间位置，θ 表示粒子相对于坐标系的旋转角度[76]。决定粒子动力学的方程为：

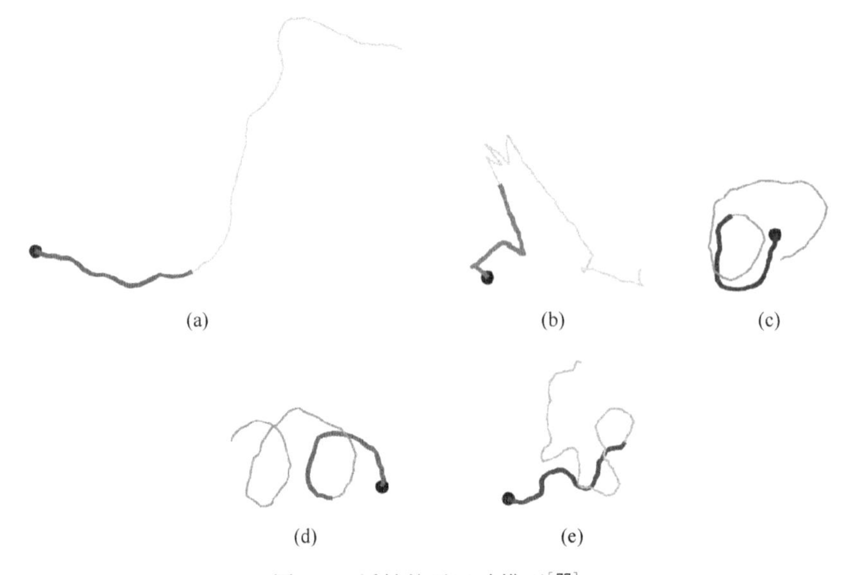

图 1.5 活性粒子运动模型[77]

（a）活性布朗运动；（b）奔跑翻滚运动；（c）右旋手征粒子；（d）左旋手征粒子；（e）高斯噪声重新定向运动

$$\begin{cases} \dot{x} = v\cos\theta + \xi_x \\ \dot{y} = v\sin\theta + \xi_y \\ \dot{\theta} = \xi_\theta \end{cases} \tag{1.9}$$

式（1.9）相应的有限差分方程为：

$$\begin{cases} x_{n+1} = x_n + v\cos\theta\Delta t + \sqrt{2D_\text{t}\Delta t}W_{x,\ n} \\ y_{n+1} = y_n + v\sin\theta\Delta t + \sqrt{2D_\text{t}\Delta t}W_{y,\ n} \\ \theta_{n+1} = \theta_n + \sqrt{2D_\text{r}\Delta t}W_{\theta,\ n} \end{cases} \tag{1.10}$$

表征微观系统运动的一个重要量是均方位移（MSD）。粒子二维运动的 MSD 随时间 t 的函数为：

$$\Delta^2(t) = \langle (x(t_1 + t) - x(t_1))^2 + (y(t_1 + t) - y(t_1))^2 \rangle \tag{1.11}$$

式中，$\langle \cdots \rangle$ 是对时间 t 平均。由方程式（1.9）得到活性布朗粒子的 MSD 为：

$$\Delta^2(t) = (4D_\text{t} + v^2 t_\text{r})t + \frac{v^2 t_\text{r}^2}{2}(\mathrm{e}^{2t/t_\text{r}} - 1) \tag{1.12}$$

式中，$t_\text{r} = D_\text{r}^{-1}$ 为旋转扩散的特征时间尺度。

对于一个直径为 3μm 的粒子，t_r 大约为 20s。式（1.12）可以写为：

$$\Delta^2(t) = \begin{cases} 4D_\text{t}t + v^2t^2, & t \ll t_\text{r} \\ (4D_\text{t} + v^2 t_\text{r})t, & t \gg t_\text{r} \end{cases} \tag{1.13}$$

对于一个直径为 3μm 的粒子，转动扩散系数 $D_\text{t} \approx 0.3\mu\text{m}^2/\text{s}$。如果活性粒子的速度 $v = 5\mu\text{m/s}$，那么 $v^2 = 25\mu\text{m}^2/\text{s}^2$。如果 $t = 0.01t_\text{r} = 0.2\text{s} \ll t_\text{r}$，那么扩散对 MSD 的贡献为（$4D_\text{t}t \approx 0.1\mu\text{m}^2$），小于速度对 MSD 的贡献（$v^2t^2 \approx 1\mu\text{m}^2$）。当$t \approx 0.001t_\text{r} = 0.02\text{s}$ 时，两种贡献相当。当 t 较小时，扩散对 MSD 的贡献占主导。当自驱动速度大于 5μm/s，粒子直径大于 3μm 时，速度贡献占主导的时间范围从大概几百秒开始。

因此，当时间小于转动扩散时间尺度 t_r 时，实验观测结果与时间的关系为弹道的（即$\propto v^2t^2$）；当大于 t_r 时为扩散的（即线性的，$\propto t$）。在后者情况中，旋转扩散在长期自驱动方向的随机性中起作用，并正比于 v^2t_r，因此长时间有效扩散系数为：

$$D_\text{eff} = D_\text{t} + v^2 t_\text{r}/4 \tag{1.14}$$

如果自驱动速度为零（即 $v = 0$），方程表示的是被动布朗粒子，其 MSD 在所有时间尺度上都是线性的。

1.3.4 奔跑翻滚运动

研究者观察到像运动细菌之类的活生物体的运动方式为先直线运动一段距

离，然后突然停止，重新改变方向，再沿着新的方向直线运动。这种运动被称为奔跑翻滚运动（run-and-tumble motion）[59]。在“奔跑（run）”过程中，因为缠绕在一起成为一束的鞭毛作旋转运动而使细菌向前运动。在“翻滚（tumble）”过程中，其中一个鞭毛改变了旋转方向，打破成束的鞭毛，细菌重新取向。改变方向后，鞭毛又形成一束，开始新的运动。奔跑翻滚运动是趋化生物体（如大肠杆菌）的一种典型运动方式，即根据确定的化学物质（通常为引诱剂或驱避剂）存在或不存在（浓度梯度）来校准其运动的生物体。

当不存在趋化生物能做出反应的化学物质时，重新定向事件发生由概率分布泊松过程描述：

$$P_{\lambda}(N = n) = e^{-\lambda} \frac{\lambda^{n}}{n!} \tag{1.15}$$

式中，N 为每隔时间 Δt 观察到重新取向事件数量；λ 为在 Δt 内期望的事件平均数；n 为自然数。

翻滚发生概率为：

$$P_{\text{tumble}} = 1 - P_{\lambda}(N = 0) = 1 - e^{-\lambda} \tag{1.16}$$

为了用有限差分方程来描述系统动力学，我们在（x，y，θ）中增加另一个离散变量 ∂ 来获知细菌是在奔跑或翻滚（1：run，0：tumble）。每间隔 Δt，有 P_{tumble} 的概率设置为 0，有 $P_{\text{run}}=1-P_{\text{tumble}}$的概率设置为 1。有限差分方程为：

$$\begin{cases} x_{n+1} = x_{n} + \partial_{n} v\cos\theta\Delta t + \sqrt{2D_{\text{t}}\Delta t}\,W_{x,\ n} \\ y_{n+1} = y_{n} + \partial_{n} v\sin\theta\Delta t + \sqrt{2D_{\text{t}}\Delta t}\,W_{y,\ n} \\ \theta_{n+1} = \theta_{n} + (1 - \partial_{n})\Delta\Theta_{\text{tumble},\ n} \\ \partial_{n+1} = 0 \text{ 或 } 1(\text{每间隔时间步长概率为 } 1 - e^{-\lambda} \text{ 和 } e^{-\lambda}) \end{cases} \tag{1.17}$$

奔跑翻滚粒子轨迹如图 1.5（b）所示。

1.3.5 手征活性布朗运动

细菌通过旋转运动来探索环境的现象并不少见。如大肠杆菌在靠近固体边界时以顺时针方向作旋转运动，而在靠近界面（如空气-液体界面）时，则以逆时针方向作旋转运动[20,64]，该运动称为手征活性布朗运动（chiral active brownian motion）。不仅在微生物中可观察到手征运动，人工活性粒子也能观察到[78]。为了描述手征活性粒子的动力学，必须定义一个角速度 ω 来衡量角度的变化：

$$\begin{cases} \dot{x} = v\cos\theta + \xi_{x} \\ \dot{y} = v\sin\theta + \xi_{y} \\ \dot{\theta} = \omega + \xi_{\theta} \end{cases} \tag{1.18}$$

转化成有限差分方程形式为：

$$\begin{cases} x_{n+1} = x_n + v\cos\theta\Delta t + \sqrt{2D_{\mathrm{t}}\Delta t}\, W_{x,\ n} \\ y_{n+1} = y_n + v\sin\theta\Delta t + \sqrt{2D_{\mathrm{t}}\Delta t}\, W_{y,\ n} \\ \theta_{n+1} = \theta_n + \omega\Delta t \sqrt{2D_{\mathrm{r}}\Delta t}\, W_{\theta,\ n} \end{cases} \tag{1.19}$$

右旋和左旋手征粒子运动轨迹如图 1.5（c）和图 1.5（d）所示。

1.3.6 高斯噪声重新定向模型

实验观察表明，不仅自驱动粒子表现出活性运动，浸在活性粒子浴（如包含运动细菌的溶液）中的被动胶体呈现出与标准被动布朗运动不同的有效运动。存在运动细菌的溶液改变了胶体粒子的运动，使其表现为有效活性胶体，其重新定向机制以增强的扩散常数呈现[79,80]。通常描述这种情况的模型是：

$$\begin{cases} \dot{x} = v\cos\theta + \xi_x \\ \dot{y} = v\sin\theta + \xi_y \\ \dot{\theta} = \Xi_\theta \end{cases} \tag{1.20}$$

该方程式与方程式（1.9）唯一区别是噪声项 Ξ_θ 不是由旋转扩散常数 $D_{\mathrm{r}} = k_{\mathrm{B}}T/(8\pi\eta R^3)$ 表征，而是由另一个更大且不同的参数 $\widetilde{D}_{\mathrm{r}}$ 表征。由于噪声项仍然为高斯的，具有增强扩散常数的模型称为高斯噪声重新取向模型（gaussian noise re-orientation model）。高斯噪声模型粒子轨迹如图 1.5（e）所示。

1.3.7 复杂模型

之前的模型考虑的是单个球对称粒子在二维均匀环境中的运动，本节从五个方面将模型扩展：（1）三维情况下单个球对称和非球对称粒子；（2）考虑外场存在；（3）考虑多个粒子相互作用；（4）考虑乘性噪声（噪声取决于系统状态而不是取决于外部变量，如温度）的存在；（5）考虑惯性效应的手征活性粒子。所有这些扩展都广泛应用于实际活性系统中。例如，有一包含高浓度双面（Janus）粒子的溶液，要正确描述其集体行为[81-83]，则需考虑空间、静电、流体等相互作用。再如，对浸在细菌浴中的胶体粒子外加一个光场势，粒子将在光强度梯度方向上受到一个驱动力[80]。另一类常见情况是非球形粒子的活性运动，如三维空间中的细长棒[84,85]或手征粒子[86,87]，或存在通过扩散梯度[88]改变其附近扩散常数的边界[89]。

1.3.7.1 非球形粒子

如果粒子是非球形的，则热噪声效应由一个 6×6 的扩散矩阵 $\boldsymbol{D}$ 描述。该矩阵考虑了非球形粒子所有的平动和转动模式以及它们之间的关联，包括纯平移和纯旋转模式[90,91]。扩散矩阵 $\boldsymbol{D}$ 总是对称的（$\boldsymbol{D}=\boldsymbol{D}^{\mathrm{T}}$），表示为：

$$\boldsymbol{D}=\begin{bmatrix}\boldsymbol{D}_{\mathrm{tt}} & \boldsymbol{D}_{\mathrm{tr}}\\ \boldsymbol{D}_{\mathrm{rt}} & \boldsymbol{D}_{\mathrm{rr}}\end{bmatrix} \tag{1.21}$$

式中，$\boldsymbol{D}_{\mathrm{tt}}$ 为纯平动模式的扩散项；$\boldsymbol{D}_{\mathrm{rr}}$ 为纯转动模式的扩散项；$\boldsymbol{D}_{\mathrm{tr}}$ 和 $\boldsymbol{D}_{\mathrm{rt}}$ 为描述旋转-平移效应的非对角项。

热噪声效应是特殊形状的粒子打破镜像对称导致的热扰动引起。当扩散矩阵形式相同时，则描述的是球形粒子的布朗运动，其中 $\boldsymbol{D}$ 是对角矩阵，$\boldsymbol{D}_{\mathrm{tt}}=\boldsymbol{D}_{\mathrm{t}}\boldsymbol{I}_{3\times3}$，$\boldsymbol{D}_{\mathrm{rr}}=\boldsymbol{D}_{\mathrm{r}}\boldsymbol{I}_{3\times3}$。

如果球形粒子是三维的，则方程式（1.5）可以写成三个平动坐标分量形式。然而因为纯转动和转动-平动项会影响粒子运动方向，我们共考虑 6 个自由度。三维下的式（1.5）可以写成：

$$\begin{bmatrix}\dot{\boldsymbol{v}}\\ \dot{\boldsymbol{\theta}}\end{bmatrix}=\begin{bmatrix}\boldsymbol{\xi}_{\mathrm{t}}\\ \boldsymbol{\xi}_{\mathrm{r}}\end{bmatrix} \tag{1.22}$$

其有限差分形式为：

$$\begin{bmatrix}\Delta\boldsymbol{r}\\ \Delta\boldsymbol{\theta}\end{bmatrix}=\begin{bmatrix}\boldsymbol{\Xi}_{\mathrm{t}}\\ \boldsymbol{\Xi}_{\mathrm{r}}\end{bmatrix} \tag{1.23}$$

式中，噪声项［Ξ_{t}，Ξ_{r}］是由满足平均式（0，0，0，0，0，0）及方差矩阵为 $2\boldsymbol{D}\Delta t$ 的多变量高斯随机分布数生成的；$\Delta\boldsymbol{r}$ 表示粒子质心相对于先前位置的位移。

由于粒子是在三维自由旋转，$\Delta\boldsymbol{\theta}$ 表示三个旋转轴方向增量[92]。由于不同轴之间旋转分量不可交换，选择一个时间步长 Δt 使各方向增量 $\Delta\boldsymbol{\theta}$ 足够小以确保在一定误差范围内的交换性。每隔 Δt，旋转 $\boldsymbol{R}=\boldsymbol{R}_x\boldsymbol{R}_y\boldsymbol{R}_z$。旋转应保持质心位置不变且在 Δt 内旋转矩阵 $\boldsymbol{R}_x$、$\boldsymbol{R}_y$、$\boldsymbol{R}_z$ 相同。

利用旋转矩阵群的生成元代数方法解决问题更加简洁。将绕 x、y、z 轴旋转角度 ϕ 写成作用于单位矢量分量的矩阵，在特殊情况下为：

$$\boldsymbol{R}_x(\phi)=\begin{bmatrix}1 & 0 & 0\\ 0 & \cos\phi & -\sin\phi\\ 0 & \sin\phi & \cos\phi\end{bmatrix}\quad \boldsymbol{R}_y(\phi)=\begin{bmatrix}\cos\phi & 0 & \sin\phi\\ 0 & 1 & 0\\ -\sin\phi & 0 & \cos\phi\end{bmatrix}$$

$$\boldsymbol{R}_z(\phi)=\begin{bmatrix}\cos\phi & -\sin\phi & 0\\ \sin\phi & \cos\phi & 0\\ 0 & 0 & 1\end{bmatrix} \tag{1.24}$$

每个矩阵可写成生成矩阵 $\boldsymbol{G}_x$、$\boldsymbol{G}_y$、$\boldsymbol{G}_z$ 的指数形式：

$$\boldsymbol{G}_x=\begin{bmatrix}0 & 0 & 0\\ 0 & 0 & -1\\ 0 & 1 & 0\end{bmatrix}\quad \boldsymbol{G}_y=\begin{bmatrix}0 & 0 & 1\\ 0 & 0 & 0\\ -1 & 0 & 0\end{bmatrix}\quad \boldsymbol{G}_z=\begin{bmatrix}0 & -1 & 0\\ 1 & 0 & 0\\ 0 & 0 & 0\end{bmatrix} \tag{1.25}$$

所以：

$$\begin{cases} \boldsymbol{R}_x(\phi) = \mathrm{e}^{\phi \boldsymbol{G}_x} = \sum_{n=0}^{+\infty} \frac{\phi^n}{n!} \boldsymbol{G}_x^n \\ \boldsymbol{R}_y(\phi) = \mathrm{e}^{\phi \boldsymbol{G}_y} = \sum_{n=0}^{+\infty} \frac{\phi^n}{n!} \boldsymbol{G}_y^n \\ \boldsymbol{R}_z(\phi) = \mathrm{e}^{\phi \boldsymbol{G}_z} = \sum_{n=0}^{+\infty} \frac{\phi^n}{n!} \boldsymbol{G}_z^n \end{cases} \tag{1.26}$$

为方便，我们定义作用在粒子上的旋转矢量 ω 为：

$$\omega = (\omega_x, \omega_y, \omega_z) = \left(\frac{\Delta\theta_x}{\Delta t}, \frac{\Delta\theta_y}{\Delta t}, \frac{\Delta\theta_z}{\Delta t}\right) \tag{1.27}$$

式中，角度 $\theta = \sqrt{(\Delta\theta_x)^2 + (\Delta\theta_y)^2 + (\Delta\theta_z)^2} = \Delta t |\omega|$。这种旋转矩阵可以写成斜对称矩阵 $\boldsymbol{\theta}_x$ 的指数形式：

$$\boldsymbol{R}_\omega(\theta) = \varepsilon^{\theta_x} = \boldsymbol{I} + \sum_{n=0}^{+\infty} \frac{1}{n!} \boldsymbol{\theta}_x^n \tag{1.28}$$

其中

$$\boldsymbol{\theta}_x = \Delta t \begin{bmatrix} 0 & -\omega_z & \omega_y \\ \omega_z & 0 & -\omega_x \\ -\omega_y & \omega_x & 0 \end{bmatrix} = \begin{bmatrix} 0 & -\Delta\theta_z & \Delta\theta_y \\ \Delta\theta_z & 0 & -\Delta\theta_x \\ -\Delta\theta_y & \Delta\theta_x & 0 \end{bmatrix} \tag{1.29}$$

由于 $\boldsymbol{\theta}_x^3 = -\theta^2 \boldsymbol{\theta}_x$，方程可写为：

$$\boldsymbol{R}_\omega(\theta) = \mathrm{e}^{\boldsymbol{\theta}_x} = \boldsymbol{I} + \frac{\sin\theta}{\theta} \boldsymbol{\theta}_x + \frac{1 - \cos\theta}{\theta^2} \boldsymbol{\theta}_x^2 \tag{1.30}$$

方程式（1.30）是绕方向 ω 旋转角度为 θ 的 Rodrigues 公式[92]，该方向正是由于转动噪声项 $\boldsymbol{\xi}_r$ 引起的绕粒子参考系轴的旋转。

1.3.7.2 外场作用

在大部分情况下，粒子会受到外力或者扭矩的作用，如光势产生的光力[93]、流体动力学通量的存在[94]、质量分布不对称粒子受到重力和浮力的联合作用导致引力轴扭矩[95]、顺磁性粒子受到外加磁场作用[96]。此外，在制备人工微泳粒子时，电场[97]、磁场[98]、声场[99]或它们的联合作用[100]对激活自驱动机制，控制运动行为或者限制活性粒子[101]起到关键作用。因此在写运动方程时，需要加上外加合力 $\boldsymbol{F}_{\mathrm{tot}}$ 和外加扭矩 $\boldsymbol{T}_{\mathrm{ext}}$ 对粒子的贡献：

$$\begin{cases} \boldsymbol{F}_{\mathrm{tot}} = -\gamma_{\mathrm{t}} \boldsymbol{v} + \boldsymbol{F}_{\mathrm{ext}} + \boldsymbol{F}_{\mathrm{thermal}} \\ \boldsymbol{T}_{\mathrm{tot}} = -\gamma_{\mathrm{r}} \boldsymbol{\omega} + \boldsymbol{T}_{\mathrm{ext}} + \boldsymbol{T}_{\mathrm{thermal}} \end{cases} \tag{1.31}$$

在过阻尼情况下为：

$$\begin{cases} \boldsymbol{v} = \dfrac{\boldsymbol{F}_{\text{ext}}}{\gamma_{\text{t}}} + \boldsymbol{\xi}_{\text{t}} = \dfrac{D_{\text{t}}}{k_{\text{B}}T}\boldsymbol{F}_{\text{ext}} + \boldsymbol{\xi}_{\text{t}} \\ \boldsymbol{\omega} = \dfrac{\boldsymbol{T}_{\text{ext}}}{\gamma_{\text{r}}} + \xi_{\text{r}} = \dfrac{D_{\text{r}}}{k_{\text{B}}T}\boldsymbol{T}_{\text{ext}} + \boldsymbol{\xi}_{\text{r}} \end{cases} \tag{1.32}$$

活性布朗粒子在二维情况下，方程可展开为：

$$\begin{cases} \dot{x} = v\cos\theta + \dfrac{D_{\text{t}}}{k_{\text{B}}T}\boldsymbol{F}_{\text{ext},\ x} + \xi_x \\ \dot{y} = v\sin\theta + \dfrac{D_{\text{t}}}{k_{\text{B}}T}F_{\text{ext},\ y} + \xi_y \\ \dot{\theta} = \dfrac{D_{\text{r}}}{k_{\text{B}}T}T_{\text{ext},\ z} + \xi_\theta \end{cases} \tag{1.33}$$

活性粒子在三维情况下，方程展开为：

$$\begin{bmatrix} \dot{\boldsymbol{r}} \\ \dot{\boldsymbol{\theta}} \end{bmatrix} = \frac{\boldsymbol{D}}{k_{\text{B}}T}\begin{bmatrix} \boldsymbol{F}_{\text{ext}} \\ \boldsymbol{T}_{\text{ext}} \end{bmatrix} + \begin{bmatrix} \boldsymbol{\xi}_{\text{t}} \\ \boldsymbol{\xi}_{\text{r}} \end{bmatrix} \tag{1.34}$$

式（1.34）考虑了旋转-平移效应，在平移和旋转运动相互独立时可简化为标准的可分离方程组。除数学形式外，外场的存在还可能导致布朗粒子系统的重要特征行为。

1.3.7.3 粒子相互作用

研究单个活性布朗粒子是研究多粒子系统行为的基础。当存在多个粒子时，粒子间的相互作用可能会显著改变系统行为。特别是，相互作用会导致系统的集体行为，如相分离或动态团簇的形成。此外，自驱动速度也会极大的改变系统行为：在由活性或被动粒子组成的系统中，由于活性粒子的自驱动特征，相同的相互作用会产生完全不同的结果。

通常活性粒子间的相互作用分成两大类：非对齐相互作用和对齐相互作用。非对齐相互作用可能是吸引的或者排斥的，取决于粒子间相对位置且与运动方向无关。而对齐相互作用取决于粒子运动方向，且倾向于使粒子沿运动方向排列形成群集现象，如 Vicsek 模型[9]。理论研究表明，活性粒子受到化学信号或流体相互作用时会影响有效对齐相互作用[14]。

A 空间相互作用

通常具有明确刚性形状的胶体粒子之间不可能重叠，因此在被动和活性粒子之间存在空间相互作用。由于活性粒子的自驱动功能，相互作用粒子会产生有趣的现象。例如，被动粒子不会自发形成团簇，除非存在强的吸引相互作用或者驱动被动粒子的驱动力[80]。而活性粒子即使存在排斥相互作用，也可以在稀薄溶液中形成亚稳态团簇[13,14,102,103]。实际上，由于活性粒子活性运动的持续性，两个活性粒子是否会碰撞在一起并锁定取决于自驱动速度 v 和转动扩散时间 τ_r。因为重新定向过程使其中一个粒子方向指向外，团簇可以在 τ_r 时间内分裂[104,105]。

当模拟刚性粒子在有限维空间运动时，空间相互作用可以通过硬球修正来实现，如图 1.6 所示，该修正避免了粒子重叠发生的非物理现象。每隔时间步长检查粒子对之间的相互距离：如果重叠（如当粒子中心距离小于粒子直径时），两个粒子沿中心连线方向彼此分开，相互距离正好变成粒子直径大小，所以它们彼此接触但不重叠。模拟时为防止粒子计算一步的位移过大导致过度叠加或非物理现象，时间步长应取很小。模拟时应反复检查每对相邻粒子，以确保每次重新调整位置后，不重叠的条件仍然有效。这相当于引入了一种防止叠加的短程排斥势。尽管如此，我们还是优先选择硬球修正，因为如果使用短程排斥势则需要更小的时间步长，这是不符合实际的。

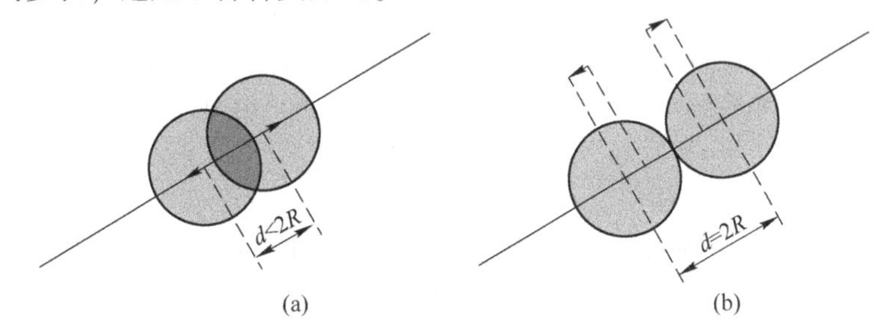

图 1.6 两个硬球粒子空间相互作用示意图[77]
（a）重叠；（b）移动

B Vicsek 模型

Vicsek 模型[9]是描述活性粒子系统对齐和聚集的最简单模型。在该模型中，粒子以恒定速度运动且粒子间受到对齐相互作用：每个粒子都能感知某一确定聚集半径 R_{flocking} 内所有粒子的方向，每个粒子的方向是根据所有邻近粒子方向的平均值来确定，如图 1.7 所示。定义 S_i 为粒子 i 的邻域内粒子，系统运动方程为：

$$\begin{cases} \dot{x}_i = v\cos\theta_i \\ \dot{y}_i = v\sin\theta_i \\ \dot{\theta}_i = <\theta_j>_{j\in S_i} + \xi_{\theta,\ i} \end{cases} \tag{1.35}$$

改变系统参数范围，我们可以得到从无序运动到定向运动的相变是随粒子密度而变化的。超过给定的密度，不管初始位置和角度是多少，粒子由于对齐相互作用都会往同一方向运动。如果在 Vicsek 模型上加上空间相互作用，则在高密度和低噪声下粒子会发生结晶现象。

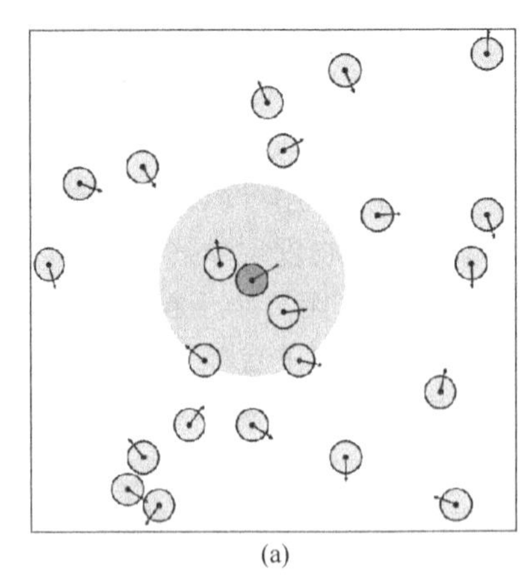
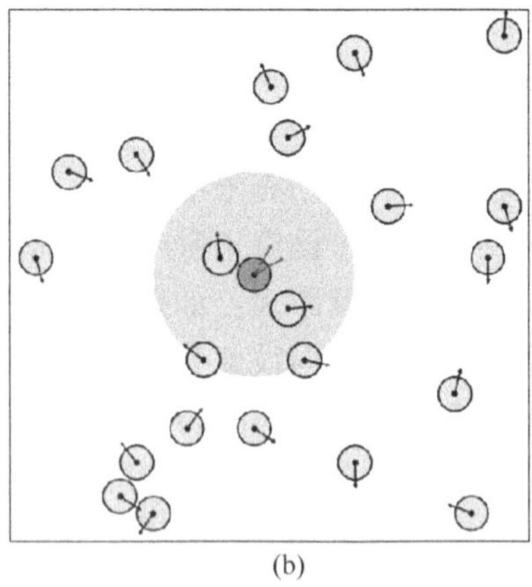

(a)　　　(b)

图 1.7　Vicsek 模型：重新取向机制[77]

（a）粒子方向变化前的状态，阴影区域为中心粒子的聚集半径范围区域；
（b）粒子方向变化后的状态，新方向由较粗箭头表示，上一个时刻的粒子方向用较细箭头表示。粒子新方向为阴影区域内所有粒子方向的平均值

C　短程对齐相互作用

短程对齐相互作用机制[106]是描述粒子与某些对齐流体相互作用的行为，或者描述细菌在胶体粒子浴中的运动，亦或描述人类在人群中的运动。在二维有限空间范围中，活性粒子的距离小于给定距离 R_{align}，粒子间通过扭矩发生相互作用。粒子的行为特征是将其自驱动位移方向朝着向前运动的方向改变，并远离待在后面的粒子。如果 $\boldsymbol{k}$ 是垂直于运动平面的单位矢量，作用在给定粒子 n 上的扭矩将沿 $\boldsymbol{k}$ 方向，且与粒子 i 和粒子 n 连接矢量 $\boldsymbol{r}_{ni}$ 与粒子的速度方向 $\boldsymbol{v}_n$ 夹角的余弦成正比，与粒子间距离的平方成反比。

根据以上所述，扭矩沿矢量 $\boldsymbol{r}_{ni}\times\boldsymbol{v}_n$ 方向，正比于 $\boldsymbol{r}_{ni}\cdot\boldsymbol{v}_n/\boldsymbol{r}_{ni}^2$。根据 $\boldsymbol{r}_{ni}\cdot\boldsymbol{v}_n$，该系数可以为正的，负的，或者零，如图 1.8 所示，在有限区域粒子的相对位置和相对运动。中心粒子对周围粒子施加了一个扭矩，扭矩规律遵循方程式(1.36)，用弧线箭头表示各种位置粒子方向的改变；图 1.8（b）~（e）描述了两到三个粒子的动力学，图 1.8（b）和（f）描述了 2 个粒子的稳定团簇，图 1.8（g）~（i）描述了三个粒子的稳定团簇，图 1.8（c）~（e）描述了粒子不形成团簇，而是彼此分开或者以恒定速度和恒定距离前进[106]。

粒子 n 受到的总扭矩沿 $\boldsymbol{k}$ 方向，并遵循方程：

$$T_n = T_0\sum_{i\in S}\frac{\boldsymbol{v}_n\cdot\boldsymbol{r}_i}{r_i^2}\boldsymbol{v}\times\boldsymbol{r}_i\cdot\boldsymbol{k} \tag{1.36}$$

式中，S 为与粒子 n 相互作用半径 R_{align} 范围内粒子集合；T_0 为相互作用强度。

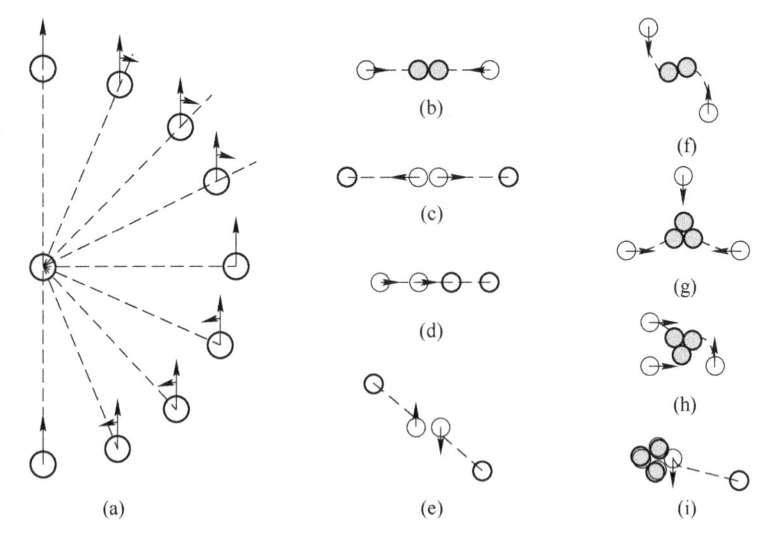

图 1.8 短程对齐相互作用：重新取向机制[77]

由此，得到描述该模型的方程为：

$$\begin{cases}\dot{x}_n = v\cos\theta_n + \xi_{x,\ n} \\ \dot{y}_n = v\sin\theta_n + \xi_{y,\ n} \\ \dot{\theta}_n = T_n + \xi_{\theta,\ n}\end{cases} \tag{1.37}$$

式中，T_n 是作用于粒子 n 的扭矩且满足方程式（1.36）。

该模型虽然简单，却表现出一系列丰富的动力学行为。通过调节转动噪声条件和粒子浓度，可以得到粒子相互独立运动的气体相，由少数粒子组成的亚稳态团簇相以及由更多粒子形成的更大的团簇相。由文献［106］可知，团簇相变通常发生在临界噪声 $T_0/4R_{\text{align}}^2$ 处。此外，密度也会影响团簇相变。研究发现，在少数活性粒子与许多被动粒子混合的系统中，活性粒子之间的相互作用为对齐相互作用（见方程式（1.36）），活性粒子与被动粒子之间的相互作用为该项的反作用力，最终形成亚稳态通道。

1.3.7.4 乘性噪声

前述模型都采用均匀的扩散常数，噪声条件在时间上均匀，且与系统状态无关。然而在许多实际系统中，噪声可能取决于系统的结构。例如，刚性平面壁的存在会导致热扩散系数产生梯度，使粒子越接近平面边界处，扩散系数越小[107,108]。特别地，当粒子与壁面接触时，垂直于平面方向的扩散系数 $D_{\perp}$ 变为零[107]。当溶液中两个粒子靠近时也会产生类似现象：一个粒子靠近另一个粒子时会改变第二个粒子的扩散系数，反之亦然[109]。

通常，乘性噪声描述为：

$$\xi = \sqrt{2D(x)}\,W \tag{1.38}$$

式中，扩散常数取决于描述系统状态的变量。假设扩散常数与粒子和平面壁的距离有关，完整的朗之万方程式（1.3）可以改写为[75]：

$$\dot{x} = \frac{D(x)}{k_B T}\boldsymbol{F}_{ext} + \frac{dD(x)}{dx} + \xi(x) \tag{1.39}$$

式中，增加项$\frac{dD}{dx}$为伪漂移[74]。

对应的具有扩散梯度的粒子有限差分方程为：

$$x_{n+1} = x_n + \frac{dD(x_n)}{dx}\Delta t + \sqrt{2D(x_n)\Delta t}\,W_n \tag{1.40}$$

1.3.7.5 考虑惯性效应的手征活性粒子

以上模型都是在过阻尼机制下（低雷诺数），然而，过阻尼近似[110]在很多情况下是不合理的，如自驱动微二极管[111]，双面微粒子在尘埃（空气或者真空）等离子体中运动[112]，在空气中的胶体粒子，在稀薄系统中的颗粒物质等。在这些系统中，阻尼很大程度降低以至于粒子的惯性效应起了重要作用。在欠阻尼机制下描述活性粒子的模型为：

$$m\ddot{\boldsymbol{R}}(t) + \xi\dot{\boldsymbol{R}}(t) = \boldsymbol{F} + f_0\boldsymbol{n}(t) + \boldsymbol{f}_{st}(t) \tag{1.41}$$

$$J\ddot{\theta}(t) + \xi_r\dot{\theta}(t) = \tau_0 + \tau_D + \tau_{st}(t) \tag{1.42}$$

式中，m 和 J 分别为粒子的质量和转动惯量；$\boldsymbol{R}(t)$ 为位置矢量；方向矢量 $\boldsymbol{n}(t) \equiv (\cos\theta(t), \sin\theta(t))$；$f_0$为自驱动力；平动和转动摩擦系数分别为 $\xi = m\gamma$，$\xi_r = J\gamma_r$；γ 和 γ_r 分别为平动和转动摩擦率（阻尼导数）；$\boldsymbol{F}$ 和 τ_D 为作用在粒子上的合外力和合扭矩；随机力 $\boldsymbol{f}_{st}(t)$ 和扭矩 $\tau_{st}(t)$ 为零平均的白噪声，分别满足关系式：

$$\overline{\boldsymbol{f}_{st}(t)\boldsymbol{f}_{st}(t')} = 2\sigma\delta(t - t')\boldsymbol{I} \tag{1.43}$$

$$\overline{\tau_{st}(t)\tau_{st}(t')} = 2\sigma_r\delta(t - t') \tag{1.44}$$

式中，横杠线代表噪声平均；$\boldsymbol{I}$ 代表单位矩阵。

在平衡态下波动强度正比于环境温度 T 且与摩擦系数有关，根据波动耗散定理，$\sigma = \xi k_B T$ 和 $\sigma_r = \xi_r k_B T$，k_B 为玻尔兹曼常数。τ_0是自驱动扭矩，通常来自于如双面或哑铃状粒子的常数扭矩，它会使粒子发生旋转运动。它的符号决定了粒子的手征性。若 $f_0 = 0$，$\tau_0 = 0$ 则为通常的非活性布朗粒子；如果 $f_0 \neq 0$，$\tau_0 = 0$ 则为无手征活性粒子；$f_0 \neq 0$，$\tau_0 \neq 0$ 则为手征自驱动粒子。

1.4 研究内容

本书研究内容从如下两个方面展开：

(1) 活性粒子的整流和扩散。在非线性系统中棘齿装置有两个条件：一是某种对称性（空间/时间反演对称）的破缺；二是热平衡的破坏，即存在非平衡驱动。研究活性粒子的整流和扩散拟从以下几个方面开展：

1) 由于手征粒子相比于非手征粒子多了一个自驱动扭矩，且会发生奇异现象，因此以手征活性粒子为研究对象，将其放置于存在可移动障碍物的通道下，考虑手征活性粒子与可移动障碍物碰撞下的整流。重点研究手征活性粒子与障碍物的相互作用，以及粒子的自驱动速度、手征性、障碍物形状等如何影响障碍物的输运。比较手征活性粒子在障碍物固定和可移动时整流的不同。该内容将在第2章详细描述。

2) 自然界中很少有完美球形粒子，对比于各向同性粒子，各向异性磁性粒子能够在某一特定方向诱发或自发磁化，因此以椭球顺磁粒子为研究对象，将其放置于不对称的二维通道中，研究外加旋转磁场对椭球粒子输运和扩散的影响。比较活性粒子和被动粒子两种情况的输运和扩散。研究通过调节外加旋转磁场来调节粒子输运和扩散以达到控制粒子的目的。该内容将在第3章阐述。

3) 以非手征活性粒子为研究对象，考虑二维时间振荡势作用下粒子的整流。重点研究随时间变化的振荡势对活性粒子整流的影响，比较自驱动速度和振荡势对整流方向及大小的不同。该内容将在第4章详细研究。

(2) 活性粒子的集体行为。主要从以下几方面开展：

1) 众所周知，在非活性系统中，粒子的惯性显示出了奇怪的行为[113-115]。比如混沌输运、流反转等。然而惯性效应下活性粒子的非平衡统计性质并未深入的研究。本书将在第5章详细研究二维空间上相互作用的惯性活性粒子的结晶，重点研究惯性效应对结晶的影响。

2) 在二维 $L \times L$ 区域里，研究相互作用手征活性粒子的群集效应，重点关注粒子间相互作用对体系相分离的影响；噪声强度、手征性及自驱动速度对粒子体系协同运动的影响。分离不同手性的混合粒子：通过外加时间延迟反馈和外加旋转磁场，实现顺时针粒子聚集成一团，而逆时针粒子则聚集成另外一团。该内容将在第6章详细描述。

1.5 研究方法

以活性粒子为研究对象，建立粒子运动的随机动力学方程，研究粒子的非平衡定向输运、扩散以及集体行为等动力学性质。采用随机 Runge-Kutta 算法[116]

求解活性粒子的朗之万方程组，可获得粒子的位置和速度。技术路线如图 1.9 所示。

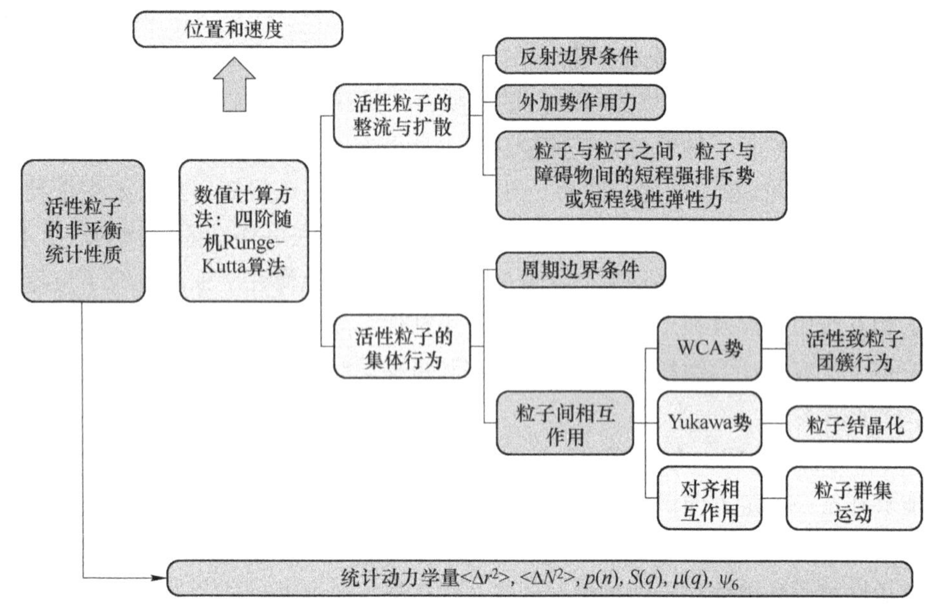

图 1.9　技术路线图

$\langle \Delta r \rangle$—描述粒子的定向运动；$\langle \Delta r^2 \rangle$—位置的平均平方，描述粒子扩散特性；$\langle \Delta N^2 \rangle$—描述粒子空间涨落；$p(n)$—描述粒子群集分布；$S(q)$—描述粒子分布结构系数；$\mu(q)$—描述粒子体系协同性参数；$\psi_6$—描述相互作用取向序参量

（1）研究活性粒子的整流与扩散：粒子与通道壁相互作用采用优化后的反射边界条件算法[117]；当有外加势（如振荡势、旋转磁场、基底势等）作用于系统时，将外加势看作外加作用力加在朗之万方程中；粒子与粒子之间，粒子与障碍物间的相互作用采用短程的强排斥势[118]或者短程线性弹性力[119]。

（2）研究活性粒子的集体运动：考虑系统为周期系统，采用最小映像法计算周期边界条件；研究粒子自驱动导致的粒子团簇行为（motility-induced clustering）时，粒子间的相互作用采用 WCA 势[14]；研究粒子的结晶化（crystallization）时，粒子间的相互作用采用排斥势 Yukawa 势[120]；研究粒子的群集运动（swarming behavior）时，粒子间的相互作用采用对齐相互作用[9]。

1.6　本章小结

本章首先介绍了本书的研究意义和国内外发展现状。其次，介绍了软物质和活性粒子的概念，特性及其应用，活性布朗粒子的理论模型。接着引出本书的研究内容，拟从两个方面研究：一是活性粒子的输运和扩散；二是活性粒子的集体行为。从研究内容来看，本书主要特色在于分别以手征活性粒子、椭球粒子、活性粒子及惯性活性粒子为研究对象，重点研究粒子手征性、粒子各向异性、自驱动速度及惯性效应对活性粒子非平衡统计性质的影响。此外，本书将研究对象放置于不同的复杂环境（如振荡势、可移动障碍物或时间延迟反馈）中，使得系统出现新奇的现象。本书旨在揭示活性粒子的非平衡统计性质（输运、扩散和集体行为）；解决小系统非平衡统计理论，从过阻尼机制推广到欠阻尼机制，从非手征活性粒子推广到手征活性粒子，从无相互作用粒子推广到有相互作用粒子；相关理论应用到活性软物质，生物细胞实验中，为实验提供理论解释和分析，为纳米机器发展提供理论支持。

参考文献

[1] Bechinger C, Leonardo R, Löwen H, et al. Active particles in complex and crowded environments [J]. Reviews of Modern Physics, 2016, 88 (4): 045006.

[2] Hänggi P, Marchesoni F. Artificial Brownian motors: Controlling transport on the nanoscale [J].Reviews of Modern Physics, 2009, 81 (1): 387-442.

[3] Li Q, Fuks G, Moulin E, et al. Macroscopic contraction of a gel induced by the inte-grated motion of light-driven molecular motors [J]. Nature Nanotechnology, 2015, 10 (2): 161-165.

[4] Romanczuk P, Erdmann U, Engel H, et al. Beyond the keller-segel model [J]. The European Physical Journal Special Topics, 2008, 157 (1): 61-77.

[5] Peruani F, Deutsch A, Bär M. Nonequilibrium clustering of self-propelled rods [J]. Physical Review E, 2006, 74 (3): 030904.

[6] Wensink H H, Löwen H. Aggregation of self-propelled colloidal rods near con-fining walls [J]. Physical Review E, 2008, 78 (3): 031409.

[7] Yang Y, Marceau V, Gompper G. Swarm behavior of self-propelled rods and swim-ming flagella [J]. Physical Review E, 2010, 82 (3): 031904.

[8] Aranson I S, Volfson D, Tsimring L S. Swirling motion in a system of vibrated elongated particles [J]. Physical Review E, 2007, 75 (5): 051301.

[9] Vicsek T, Czirók A, Ben-Jacob E, et al. Novel type of phase transition in a system of self-driven particles [J]. Physical Review Letters, 1995, 75 (6): 1226-1229.

[10] Couzin I D, Krause J, James R, et al. Collective memory and spatial sorting in animal groups [J]. Journal of Theoretical Biology, 2002, 218 (1): 1-12.

[11] Narayan V, Ramaswamy S, Menon N. Long-lived giant number fluctuations in a swarming granular nematic [J]. Science, 2007, 317 (5834): 105-108.

[12] Deseigne J, Dauchot O, Chaté H. Collective motion of vibrated polar disks [J]. Physical Review Letters, 2010, 105 (9): 098001.

[13] Cates M E, Tailleur J. Motility-induced phase separation [J]. Annual Review of Condensed Matter Physics, 2015, 6 (1): 219-244.

[14] Buttinoni I, Bialké J, Kümmel F, et al. Dynamical clustering and phase separation in suspensions of self-propelled colloidal particles [J]. Physical Review Letters, 2013, 110 (23): 238301.

[15] Sokolov A, Apodaca M M, Grzybowski B A, et al. Swimming bacteria power microscopic gears [J]. Proceedings of the National Academy of Sciences, 2010, 107 (3): 969-974.

[16] Galajda P, Keymer J, Chaikin P, et al. A wall of funnels concentrates swimming bacteria [J]. Journal of Bacteriology, 2007, 189 (23): 8704-8707.

[17] Wan M B, Reichhardt C O, Nussinov Z, et al. Rectification of swimming bacteria and self-driven particle systems by arrays of asymmetric barriers [J]. Physical Review Letters, 2008, 101 (1): 018102.

[18] Angelani L, Di Leonardo R, Ruocco G. Self-starting micromotors in a bacterial bath [J].Physical Review Letters, 2009, 102 (4): 048104.

[19] Ghosh P K, Misko V R, Marchesoni F, et al. Self-propelled Janus particles in a ratchet: Numerical simulations [J]. Physical Review Letters, 2013, 110 (26): 268301.

[20] Teeffelen S Van, Löwen H. Dynamics of a Brownian circle swimmer [J]. Physical Review E, 2008, 78 (2): 020101.

[21] Mijalkov M, Volpe G. Sorting of chiral microswimmers [J]. Soft Matter, 2013, 9 (28): 6376-6381.

[22] Nourhani A, Crespi V H, Lammert P E. Guiding chiral self-propellers in a periodic potential [J].Physical Review Letters, 2015, 115 (11): 118101.

[23] Jia Y, Li J R. Effects of correlated noises on current [J]. International Journal of Modern Physics B, 2000, 14 (5): 507-519.

[24] Zheng Z G, Cross M C, Hu G. Collective directed transport of symmetrically coupled lattices in symmetric periodic potentials [J]. Physical Review Letters, 2002, 89 (15): 154102.

[25] Gao T F, Zheng Z G, Chen J C. Resonant current in coupled inertial Brownian par-ticles with delayed-feedback control [J]. Frontiers of Physics, 2017, 12 (6): 120506.

[26] Zhao T J, Cao T G, Zhan Y. Rocking ratchets with stochastic potentials [J]. Physica A: Statistical Mechanics and its Applications, 2002, 312 (1-2): 109-118.

[27] Bao J D, Liu J. Ballistic diffusion induced by a thermal broadband noise [J]. Physical Review Letters, 2003, 91 (13): 138104.

[28] Luo Y H, Xie C W. Directional motion, current reversals and mass separation in a symmetrical periodic potential [J]. Physics Letters A, 2009, 373 (36): 3217-3222.

[29] Li J H, Chen Q H, Zhou X F. Transport and its enhancement caused by coupling [J].Physical Review E, 2010, 81 (4): 041104.

[30] Wu D, Zhu S Q. Effects of cross-correlated noises on the transport of active Brownian particles [J]. Physical Review E, 2014, 90 (1): 012131.

[31] Guo W, Du L, Mei D C. Anomalous diffusion and enhancement of diffusion in a vibrational motor [J]. Journal of Statistical Mechanics: Theory and Experiment, 2014, 2014 (4): P04025.

[32] Luchun D, Mei D C. Absolute negative mobility in a vibrational motor [J]. Physical Review E, 2012, 85 (1): 011148.

[33] Li Y, Ghosh P K, Marchesoni F, et al. Manipulating chiral microswimmers in a channel [J]. Physical Review E, 2014, 90 (6): 062301.

[34] Yang X, Zhu Q, Liu C, et al. Diffusion of colloidal rods in corrugated channels [J]. Physical Review E, 2019, 99 (2): 020601.

[35] Ai B Q, Li F G. Transport of underdamped active particles in ratchet potentials [J]. Soft Matter, 2017, 13 (13): 2536-2542.

[36] Ai B Q, Zhu W J, He Y F, et al. Giant negative mobility of inertial particles caused by the periodic potential in steady laminar flows [J]. The Journal of Chemical Physics, 2018, 149 (16): 164903.

[37] de Gennes P G. Soft matter [J]. Reviews of Modern Physics, 1992, 64 (3): 645-648.

[38] Brown R. A brief account of microscopical observations on the particles contained in the pollen of plants; and on the general existence of active molecules in organic and inorganic bodies [J]. The Philosophical Magazine, 1828, 4 (21): 161-173.

[39] Ramaswamy S. The mechanics and statistics of active matter [J]. Annual Review of Condensed Matter Physics, 2010, 1 (1): 323-345.

[40] Schweitzer F. Brownian agents and active particles: collective dynamics in the natural and social sciences [M]. Springer Science and Business Media, 2003.

[41] Viswanathan G M, da Luz M G E, Raposo E P, et al. The physics of foraging: an introduction to random searches and biological encounters [M]. Cambridge Univer-sity Press, 2011.

[42] Brambilla M, Ferrante E, Birattari M, et al. Swarm robotics: a review from the swarm engineering perspective [J]. Swarm Intelligence, 2013, 7 (1): 1-41.

[43] Helbing D. Traffic and related self-driven many-particle systems [J]. Reviews of Modern Physics, 2001, 73 (4): 1067-1141.

[44] Marchetti M C, Joanny J F, Ramaswamy S, et al. Hydrodynamics of soft active matter [J]. Reviews of Modern Physics, 2013, 85 (3): 1143-1188.

[45] Wang J, Gao W. Nano/microscale motors: biomedical opportunities and challenges [J]. ACS Nano, 2012, 6 (7): 5745-5751.

[46] Ballerini M, Cabibbo N, Candelier R, et al. Interaction ruling animal collective behavior depends on topological rather than metric distance: Evidence from a field study [J]. Proceedings of the National Academy of Sciences, 2008, 105 (4): 1232-1237.

[47] Dussutour A, Fourcassié V, Helbing D, et al. Optimal traffic organization in ants under crowded conditions [J]. Nature, 2004, 428 (6978): 70-73.

[48] Meyers R A. Encyclopedia of complexity and systems science [M]. Springer, 2009: 3142-3176.

[49] Katz Y, Tunstrom K, Ioannou C C, et al. Inferring the structure and dynamics of interactions in schooling fish [J]. Proceedings of the National Academy of Sciences, 2011, 108 (46): 18720-18725.

[50] Reynolds C W. Flocks, herds and schools: A distributed behavioral model [C] //Proceedings of the 14th annual conference on Computer graphics and interactive techniques. 1987: 25-34.

[51] Czirók A, Vicsek T. Collective behavior of interacting self-propelled particles [J]. Physica A: Statistical Mechanics and its Applications, 2000, 281 (1-4): 17-29.

[52] Chaté H, Ginelli F, Grégoire G, et al. Modeling collective motion: variations on the Vicsek model [J]. The European Physical Journal B, 2008, 64 (3-4): 451-456.

[53] Toner J, Tu Y, Ramaswamy S. Hydrodynamics and phases of flocks [J]. Annals of Physics, 2005, 318 (1): 170-244.

[54] Li Y X, Lukeman R, Edelstein-Keshet L. Minimal mechanisms for school formation in self-propelled particles [J]. Physica D: Nonlinear Phenomena, 2008, 237 (5): 699-720.

[55] Bertin E, Droz M, Grégoire G. Hydrodynamic equations for self-propelled particles: microscopic derivation and stability analysis [J]. Journal of Physics A: Mathematical and Theoretical, 2009, 42 (44): 445001.

[56] Ebbens S J, Howse J R. In pursuit of propulsion at the nanoscale [J]. Soft Matter, 2010, 6 (4): 726-738.

[57] Poon W C K. From Clarkia to Escherichia and Janus: The physics of natural and synthetic active colloids [J]. Proc. Int. Sch. Phys. Enrico Fermi, 2013, 184: 317-386.

[58] Viswanathan G M, Da Luz M G E, Raposo E P, et al. The physics of foraging: an introduction to random searches and biological encounters [M]. Cambridge Univer-sity Press, 2011.

[59] Berg H C. E. Coli in Motion [M]. Springer Science and Business Media, 2008.

[60] Liebchen B, Levis D. Collective behavior of chiral active matter: pattern formation and enhanced flocking [J]. Physical Review Letters, 2017, 119 (5): 058002.

[61] Lushi E, Wioland H, Goldstein R E. Fluid flows created by swimming bacteria drive self-organ ization in confined suspensions [J]. Proceedings of the National Academy of Sciences, 2014, 111 (27): 9733-9738.

[62] Friedrich B M, Jülicher F. Chemotaxis of spermcells [J]. Proceedings of the National Academy of Sciences, 2007, 104 (33): 13256-13261.

[63] DiLuzio W R, Turner L, Mayer M, et al. Escherichia coli swim on the right-hand side [J]. Nature, 2005, 435 (7046): 1271-1274.

[64] Di Leonardo R, Dell' Arciprete D, AngelaniL, et al. Swimming with an image [J]. Physical Review Letters, 2011, 106 (3): 038101.

[65] Kudrolli A. Size separation in vibrated granular matter [J]. Reports on Progress in Physics, 2004, 67 (3): 209-247.

[66] Cates M E. Diffusive transport without detailed balance in motile bacteria: does microbiology need statistical physics? [J]. Reports on Progress in Physics, 2012, 75 (4): 042601.

[67] Nelson B J, Kaliakatsos I K, Abbott J J. Microrobots for minimally invasive medicine [J]. Annual Review of Biomedical Engineering, 2010, 12: 55-85.

[68] Patra D, Sengupta S, Duan W, et al. Intelligent, self-powered, drug delivery systems [J]. Nanoscale, 2013, 5 (4): 1273-1283.

[69] Abdelmohsen L K E A, Peng F, Tu Y, et al. Micro and nano-motors for biomedical applications [J]. Journal of Materials Chemistry B, 2014, 2 (17): 2395-2408.

[70] Gao W, Wang J. The environmental impact of micro/nanomachines: a review [J]. Acs Nano, 2014, 8 (4): 3170-3180.

[71] Ebbens S J. Active colloids: Progress and challenges towards realising autonomous applications [J]. Current Opinion in Colloid and Interface Science, 2016, 21: 14-23.

[72] Volpe G, Volpe G. Simulation of a Brownian particle in an optical trap [J]. American Journal of Physics, 2013, 81 (3): 224-230.

[73] Nelson E. Dynamical theories of Brownian motion [M]. Princeton University Press, 1967.

[74] Hottovy S, McDaniel A, Volpe G, et al. The Smoluchowski-Kramers limit of stochastic differential equations with arbitrary state-dependent friction [J]. Communications in Mathematical Physics, 2015, 336 (3): 1259-1283.

[75] Volpe G, Wehr J. Effective drifts in dynamical systems with multiplicative noise: a review of recent progress [J]. Reports on Progress in Physics, 2016, 79 (5): 053901.

[76] Volpe G, Gigan S, Volpe G. Simulation of the active Brownian motion of a microswimmer [J]. American Journal of Physics, 2014, 82 (7): 659-664.

[77] Toschi, Federico, Marcello Sega, et al. Flowing Matter [M]. Springer International Publishing, 2019.

[78] Kümmel F, ten Hagen B, Witt kowski R, et al. Circular motion of asymmetric self-propelling particles [J]. Physical Review Letters, 2013, 110 (19): 1983021.

[79] Argun A, Moradi A R, Pince E, et al. Non-Boltzmann stationary distributions and nonequilibrium relations in active baths [J]. Physical Review E, 2016, 94 (6): 062150.

[80] Pince E, Velu S K P, Callegari A, et al. Disorder-mediated crowd control in an active matter system [J]. Nature Communications, 2016, 7 (1): 1-8.

[81] Huang M J, Schofield J, Kapral R. Chemotactic and hydrodynamic effects on collective dynamics of self-diffusiophoretic Janus motors [J]. New Journal of Physics, 2017, 19 (12): 125003.

[82] Bayati P, Najafi A. Dynamics of two interacting active Janus particles [J]. The Journal of Chemical Physics, 2016, 144 (13): 134901.

[83] Novak E V, Pyanzina E S, Kantorovich S S. Behaviour of magnetic Janus-like colloids [J]. Journal of Physics: Condensed Matter, 2015, 27 (23): 234102.

[84] Uspal W E, Popescu M N, Tasinkevych M, et al. Shape-dependent guidance of active Janus particles by chemically patterned surfaces [J]. New Journal of Physics, 2018, 20 (1): 015013.

[85] Michelin S, Lauga E. Geometric tuning of self-propulsion for Janus catalytic particles [J]. Scientific Reports, 2017, 7 (1): 1-9.

[86] Ai B Q. Ratchet transport powered by chiral active particles [J]. Scientific Reports, 2016, 6 (1): 1-7.

[87] Tjhung E, Cates M E, Marenduzzo D. Contractile and chiral activities codetermine the helicity

of swimming droplet trajectories [J]. Proceedings of the National Acade-my of Sciences, 2017, 114 (18): 4631-4636.

[88] Mozaffari A, Sharifi-Mood N, Koplik J, et al. Self-propelled colloidal particle near a planar wall: A Brownian dynamicsstudy [J]. Physical Review Fluids, 2018, 3 (1): 014104.

[89] Shen Z, Würger A, Lintuvuori J S. Hydrodynamic interaction of a self-propelling particle with a wall [J]. The European Physical Journal E, 2018, 41 (3): 39.

[90] Brenner H. Coupling between the translational and rotational brownian motions of rigid particles of arbitrary shape [J]. Journal of Colloid and Interface Science, 1967, 23 (3): 407-436.

[91] Fernandes M X, de la Torre J G. Brownian dynamics simulation of rigid particles of arbitrary shape in external fields [J]. Biophysical journal, 2002, 83 (6): 3039-3048.

[92] Dai J S. Euler-Rodrigues formula variations, quaternion conjugation and intrinsic connections [J]. Mechanism and Machine Theory, 2015, 92: 144-152.

[93] Jones P H, Maragò O M, Volpe G. Optical tweezers: Principles and applications [M]. Cambridge University Press, 2015.

[94] Yang M, Ripoll M. Thermophoretically induced flow field around a colloidal particle [J]. Soft Matter, 2013, 9 (18): 4661-4671.

[95] Ten Hagen B, Kümmel F, Wittkowski R, et al. Gravitaxis of asymmetric self propelled colloidal particles [J]. Nature Communications, 2014, 5: 4829-1-7.

[96] Martin J E, Snezhko A. Driving self-assembly and emergent dynamics in colloidal suspensions by time-dependent magnetic fields [J]. Reports on Progress in Physics, 2013, 76 (12): 126601-1-42.

[97] Loget G, Kuhn A. Electric field—induced chemical locomotion of conducting objects [J]. Nature Communications, 2011, 2 (1): 1-6.

[98] Grosjean G, Lagubeau G, Darras A, et al. Remote control of self-assembled microswimmers [J]. Scientific Reports, 2015, 5: 16035.

[99] Kaynak M, Ozcelik A, Nourhani A, et al. Acoustic actuation of bioinspired microswimmers [J].Lab on a Chip, 2017, 17 (3): 395-400.

[100] Demirörs A F, Akan M T, Poloni E, et al. Active cargo transport with Janus colloidal shuttles using electric and magnetic fields [J]. Soft Matter, 2018, 14 (23): 4741-4749.

[101] Takatori S C, De Dier R, Vermant J, et al. Acoustic trapping of active matter [J]. Nature Communications, 2016, 7 (1): 1-7.

[102] Stenhammar J, Wittkowski R, Marenduzzo D, et al. Activity-induced phase separation and self-assembly in mixtures of active and passive particles [J]. Physical Review Letters, 2015, 114 (1): 018301.

[103] Kümmel F, Shabestari P, Lozano C, et al. Formation, compression and surface melting of colloidal clusters by active particles [J]. Soft matter, 2015, 11 (31): 6187-6191.

[104] de Macedo Biniossek N, Löwen H, Voigtmann T, et al. Static structure of active Brownian hard disks [J]. Journal of Physics: Condensed Matter, 2018, 30 (7): 074001.

[105] Ginot F, Theurkauff I, Detcheverry F, et al. Aggregation-fragmentation and individual dynamics of active clusters [J]. Nature Communications, 2018, 9 (1): 1-9.

[106] Nilsson S, Volpe G. Metastable clusters and channels formed by active particles with aligning interactions [J]. New Journal of Physics, 2017, 19 (11): 115008.

[107] Brenner H. The slow motion of a sphere through a viscous fluid towards a plane surface [J]. Chemical Engineering Science, 1961, 16 (3-4): 242-251.

[108] Banerjee A, Kihm K D. Experimental verification of near-wall hindered diffusion for the Brownian motion of nanoparticles using evanescent wave microscopy [J]. Physical Review E, 2005, 72 (4): 042101.

[109] Batchelor G K. Brownian diffusion of particles with hydrodynamic interaction [J]. Journal of Fluid Mechanics, 1976, 74 (1): 1-29.

[110] Nagai K H, Sumino Y, Montagne R, et al. Collective motion of self-propelled particles with memory [J]. Physical Review Letters, 2015, 114 (16): 168001.

[111] Sharma R, Velev O D. Remote Steering of Self-Propelling Microcircuits by Modulated Electric Field [J]. Advanced Functional Materials, 2015, 25 (34): 5512-5519.

[112] Ivlev A V, Bartnick J, Heinen M, et al. Statistical mechanics where Newton's third law is broken [J]. Physical Review X, 2015, 5 (1): 011035.

[113] Jung P, Kissner J G, Hänggi P. Regular and chaotic transport in asymmetric periodic potentials: Inertia ratchets [J]. Physical Review Letters, 1996, 76 (18): 3436-3439.

[114] Lindner B, Schimansky-Geier L, Reimann P, et al. Inertia ratchets: A numerical study versus theory [J]. Physical Review E, 1999, 59 (2): 1417-1424.

[115] Mateos J L. Chaotic transport and current reversal in deterministic ratchets [J]. Physical Review Letters, 2000, 84 (2): 258-261.

[116] Tocino A, Ardanuy R. Runge-Kutta methods for numerical solution of stochastic differential equati ons [J]. Journal of Computational and Applied Mathematics, 2002, 138 (2): 219-241.

[117] Behringer H, Eichhorn R. Brownian dynamics simulations with hard-body interactions: Spherical particles [J]. The Journal of Chemical Physics, 2012, 137 (16): 164108.

[118] Potiguar F Q, Farias G A, Ferreira W P. Self-propelled particle transport in regular arrays of rigid asymmetric obstacles [J]. Physical Review E, 2014, 90 (1): 012307.

[119] Ai B, He Y, Zhong W. Chirality separation of mixed chiral microswimmers in a periodic channel [J]. Soft Matter, 2015, 11 (19): 3852-3859.

[120] Bialké J, Speck T, Löwen H. Crystallization in a dense suspension of self-propelled particles [J].Physical Review Letters, 2012, 108 (16): 168301.

2 手征活性粒子驱动障碍物的输运

2.1 概述

近些年来，复杂环境中活性粒子的输运在生物、化学以及纳米技术领域引起越来越多的关注和极大的兴趣[1-3]。不同于被动粒子，活性粒子又称为自驱动粒子或者微纳米泳，因为其内在的非平衡性质使得它可以从外界环境中提取能量并产生驱动它向前的力[4]。当活性粒子结构对称且受到自身驱动力作用时，它只做线性运动[5]。如果它受到一个扭矩，则称之为手征活性粒子，由于自驱动力与驱动方向不在一条直线上，它将在二维上做圆周运动，在三维上做螺旋运动[6]。手征活性粒子有很多奇异的现象[7-35]，如自组织和集体行为。该类新型活性粒子可以在手征活性流体[36-39]和许多微生物中找到，如精子[40]、大肠杆菌[41,42]、单核细胞增多性李司忒氏菌[43]。

放置在活性流体中的障碍物动力学行为及活性粒子的输运性质在各个应用领域都起重要作用[12-19]、如驱动微观齿轮和马达[16,19]、活性粒子的捕获和整流[12-14,17,18]及使用活性粒子来驱动契形障碍物[15]。活性粒子与障碍物之间的相互作用已经在理论、模拟及实验方面研究了很多[11-15,44-53]。Potiguar 等人[11]发现了在凸对称障碍物周围的自驱动粒子做涡旋运动，在凸非对称障碍物阵列中存在稳定的粒子流。Galajda 等人[12]观察到了细菌在包含一组漏斗阵列的受限区域中做棘齿运动。Kaiser 等人[13]研究了活性自驱动棒与静止契形物之间的相互作用是契形物角度的函数。Kaiser 等人[15]在之后的工作中进一步证明了细菌的湍动运动能驱动微观障碍物定向运动。Reichhardt 等人[44]发现做圆周运动的粒子与周期性不对称 L 形障碍物相互作用时产生棘齿效应。他们还研究了在不存在外部驱动时，活性粒子与周期性不对称 L 形障碍物相互作用时也会产生棘齿效应[45]。文献［46］和文献［47］研究和综述了集体效应产生的棘齿反转以及利用活性棘齿来输运被动粒子。Angelani 和 Leonardo[48]研究了在一维情况下活性粒子驱动箭形障碍物运动。Mallory 等人[49]数值研究了浸在稀薄自驱动纳米粒子中的不对称跟踪器的输运。Marconi 等人[51]研究了活性粒子与以常速度移动的半透明膜的相互作用。在周期性通道中，当存在横向不对称势或者不对称障碍物时，手征活性粒子会在纵向发生整流[52,53]。

在以前的工作中，考虑的大都为活性粒子与固定障碍物，或者常速度运动的障碍物，或者不对称障碍物相互作用。尽管如此，由手征活性粒子驱动障碍物运动的工作还未考虑，实际上，该结果会产生新的丰富的非平衡现象。本章首先将V形障碍物放置于手征活性粒子浴中，重点研究活性粒子与障碍物相互作用，研究由活性粒子驱动的障碍物的定向运动，以及系统参数和障碍物如何影响手征活性粒子的整流。重点比较手征活性粒子在障碍物固定及可移动时整流的不同。此外，将手征活性粒子置于封闭圆环中，研究圆环在温差条件下的周期二维通道中的运动，重点研究圆环半径、手征活性粒子数、温度梯度对圆环整流的影响。

2.2 受手征活性粒子驱动的V形障碍物的运动

2.2.1 模型和方法

我们考虑 n_a 个半径为 r 的手征活性粒子在二维直通道（x 方向为周期边界，周期为 L_x，y 方向为受限边界，宽度为 L_y）中运动，如图2.1所示。一个角度为 α 的V形障碍物放置在通道的底端，障碍物包括 $2n_p+1$ 个半径为 r 的粒子。V形障碍物有两种情况：固定和可移动。x 方向为周期边界，y 方向为受限边界。为了限制V形障碍物只沿 x 方向运动，两个平行轨道（活性粒子不会感觉到轨道的存在）放置在通道内，一条轨道固定在障碍物的顶端，另一条固定在通道底端。V形障碍物的每一边包含 n_p 个半径为 r 的粒子。活性粒子和V形障碍物粒子总数为 $N=n_a+2n_p+1$。粒子 i 的位置可由 $\boldsymbol{r}_i\equiv(x_i,\ y_i)$ 描述，粒子速度方向由极坐标轴 $\boldsymbol{n}_i\equiv(\cos\theta_i,\ \sin\theta_i)$ 中的方向角 θ_i 表示。我们定义 $\boldsymbol{F}_i=F_i^x\boldsymbol{e}_x+F_i^y\boldsymbol{e}_y=\sum_j\boldsymbol{F}_{ij}$ 为粒子 i 与其他活性粒子的作用力，$\boldsymbol{G}_i=G_i^x\boldsymbol{e}_x+G_i^y\boldsymbol{e}_y=\sum_j\boldsymbol{G}_{ij}$ 为粒子 i 与V形障碍物的作用力。粒子 i 遵循以下过阻尼朗之万方程：

$$\frac{\mathrm{d}x_i}{\mathrm{d}t}=\mu[F_i^x+G_i^x]+v_0\cos\theta_i+\sqrt{2D_0}\xi_i^x(t) \tag{2.1}$$

$$\frac{\mathrm{d}y_i}{\mathrm{d}t}=\mu[F_i^y+G_i^y]+v_0\sin\theta_i+\sqrt{2D_0}\xi_i^y(t) \tag{2.2}$$

$$\frac{\mathrm{d}\theta_i}{\mathrm{d}t}=\Omega+\sqrt{2D_\theta}\xi_i^\theta(t) \tag{2.3}$$

式中，v_0 为自驱动速度的振幅；μ 为迁移率；Ω 为角速度，它的符号决定了活性粒子的手征性，当 $\Omega<0$ 时，粒子顺时针旋转，当 $\Omega>0$ 时，粒子逆时针旋转；D_0 和 D_θ 分别为平动和转动扩散系数。$\xi_i^x(t)$，$\xi_i^y(t)$，$\xi_i^\theta(t)$ 为高斯白噪声。

活性粒子 i 和活性粒子 j 的相互作用力 $\boldsymbol{F}_{ij}$ 以及活性粒子 i 和障碍物粒子 j 的相互作用力 $\boldsymbol{G}_{ij}$ 用线性弹性力来表示。如果 $r_{ij}<2r$，则 $\boldsymbol{F}_{ij}=k_1(2r-r_{ij})\boldsymbol{e}_r$（否则 $\boldsymbol{F}_{ij}=0$），其中 r_{ij} 是活性粒子 i 和 j 的距离。如果 $r_{ij}<2r$，则 $\boldsymbol{G}_{ij}=k_2(2r-r_{ij})\boldsymbol{e}_r$（否则 $\boldsymbol{G}_{ij}=0$），其中 r_{ij} 是活性粒子 i 和障碍物粒子 j 的距离。用大的 k_1 和 k_2 值来模

拟硬粒子，以确保粒子出现重叠后很快分开。

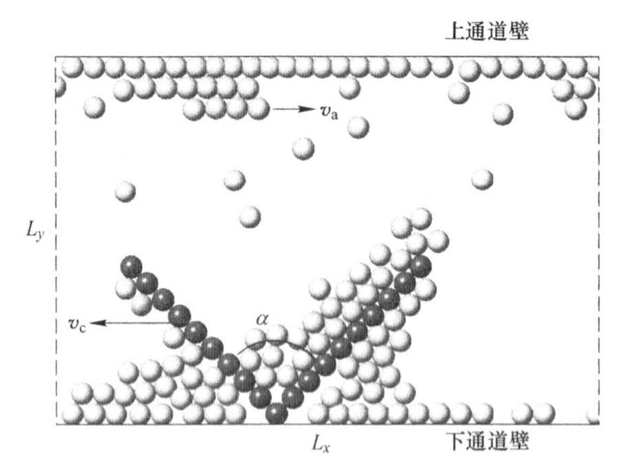

图 2.1 手征活性粒子驱动障碍物运动的模型

引入长度和时间尺度量 $\hat{x}=\frac{x}{r}$，$\hat{y}=\frac{y}{r}$，$\hat{t}=\mu kt$，对方程式（2.1）~式（2.3）进行无量纲化：

$$\frac{d\hat{x}_i}{d\hat{t}}=\hat{F}_i^x+\hat{G}_i^x+\hat{v}_0\cos\theta_i+\sqrt{2\hat{D}_0}\hat{\xi}_i^x(\hat{t}) \tag{2.4}$$

$$\frac{d\hat{y}_i}{d\hat{t}}=\hat{F}_i^y+\hat{G}_i^y+\hat{v}_0\sin\theta_i+\sqrt{2\hat{D}_0}\hat{\xi}_i^y(\hat{t}) \tag{2.5}$$

$$\frac{d\theta_i}{d\hat{t}}=\hat{\Omega}+\sqrt{2\hat{D}_0}\hat{\xi}_i^\theta(\hat{t}) \tag{2.6}$$

其他参数无量纲化为 $\hat{L}_x=\frac{L_x}{r}$，$\hat{L}_y=\frac{L_y}{r}$，$\hat{v}_0=\frac{v_0}{\mu kr}$，$\hat{D}_0=\frac{D_0}{\mu kr^2}$，$\hat{D}_\theta=\frac{D_\theta}{\mu k}$。以下讨论均使用无量纲量，因此所有量上的“帽子”将省略。

使用二阶 Runge-Kutta 算法对方程式（2.4）~式（2.6）积分，得到所有量的输运行为。因为 y 方向为有界，粒子输运只发生在 x 方向，所以为了量化棘齿效应，只计算 x 方向的平均速度。经过长时间计算，得到活性粒子在 x 方向的平均速度为：

$$\boldsymbol{v}_a=\frac{1}{n_a}\sum_{i=1}^{n_a}\lim_{t\to\infty}\frac{x_i(t)-x_i(0)}{t} \tag{2.7}$$

活性粒子 i 作用在 V 形障碍物粒子 j 上的力 $\boldsymbol{G}_j=\boldsymbol{G}_j^x\boldsymbol{e}_x+\boldsymbol{G}_j^y\boldsymbol{e}_y=\sum_i\boldsymbol{G}_{ij}$。该力导致当障碍物未固定时，在 x 方向上运动。V 形障碍物的运动方程为：

$$\frac{\mathrm{d}x_c}{\mathrm{d}t} = \gamma G^x \tag{2.8}$$

式中，γ 是设置的系数，当 $\gamma=0$ 时，障碍物固定，当 $\gamma=1.0$ 时，障碍物可以在 x 方向上移动；x_c 是障碍物在 x 方向上的中心；$G^x = \sum_j G_j^x/(2n_p+1)$ 是V形障碍物在 x 方向上受到的平均力。

经过长时间运算，障碍物中心在 x 方向的平均速度为：

$$v_c = \lim_{t\to\infty} \frac{x_c(t) - x_c(0)}{t} \tag{2.9}$$

定义粒子密度 $\phi=\pi(2n_p+1+n_a)r^2/(L_xL_y)$。为方便，则进一步定义手征活性粒子的平均速度为 $\eta_a=v_a/v_0$，障碍物的平均速度为 $\eta_o=v_c/v_0$。

2.2.2 结果和讨论

在该模拟中，进行了多于100次的实验来提高精确度和最小化统计误差。整个积分时间长于 10^6，积分步长小于 10^{-3}。此外，无特别说明，其他参数设置为 $L_x=24.0$，$L_y=16.0$。改变 Ω、D_0、D_θ、n_p、v_0、α、ϕ 及 L_y，计算得到了活性粒子和障碍物在障碍物固定和可移动时的平均速度。

事实上，在非线性系统中棘齿装置有两个必要条件[54]。一个是某种对称性（时间/空间对称）的破缺，另一个是非平衡驱动。非平衡驱动可以打破阻止定向运动的热平衡。在我们的系统中，因为障碍物的位置，不对称性来自于通道的上下不对称；非平衡驱动来自于活性粒子的自驱动。因为活性粒子圆周运动的轨道半径 $v_0/|\Omega|$ 远远大于通道尺寸，手征粒子会沿着上下壁运动而非做圆周运动。因为通道是上下不对称，所以沿上壁的运动时间小于沿下壁的运动时间，逆时针运动的粒子 $\Omega>0$ 向左运动，而顺时针运动的粒子 $\Omega<0$ 向右运动。

图2.2描述了 η_a 和 η_o 随角速度 Ω 的变化。当障碍物固定时，障碍物速度为零。活性粒子的平均速度（见图2.2（a））在 $\Omega>0$ 时为负值，$\Omega<0$ 时为正值，$\Omega=0$ 时为零，Ω 的符号决定了活性粒子的运动方向。也就是说，由于不同手征粒子运动方向相反，因此可以分离不同手征性的活性粒子。此外，当 $\Omega\to0$ 时，手征性可以忽略，由于系统的对称性不能被打破，棘齿效应消失，$\eta_a\to0$。当 $\Omega\to\infty$ 时，自驱动角度变化太快，以至于粒子将会经历零平均力，因此，η_a 趋于零。所以存在一个最优值 $|\Omega|$，使得 η_a 达到最大值。

当V形障碍物可以移动时，活性粒子的平均速度将比在障碍物固定时大大减少（见图2.2（b）），而障碍物的速度将远远大于活性粒子速度（见图2.2（c））。障碍物的运动方向也取决于 Ω 的符号，且与活性粒子运动方向相反。所有输运行为也将有类似的结果（见图2.3~图2.8）。现在我们来解释障碍物和活性粒子输运行为的潜在原因。非平衡驱动来自于打破热平衡的手征活性粒子，它

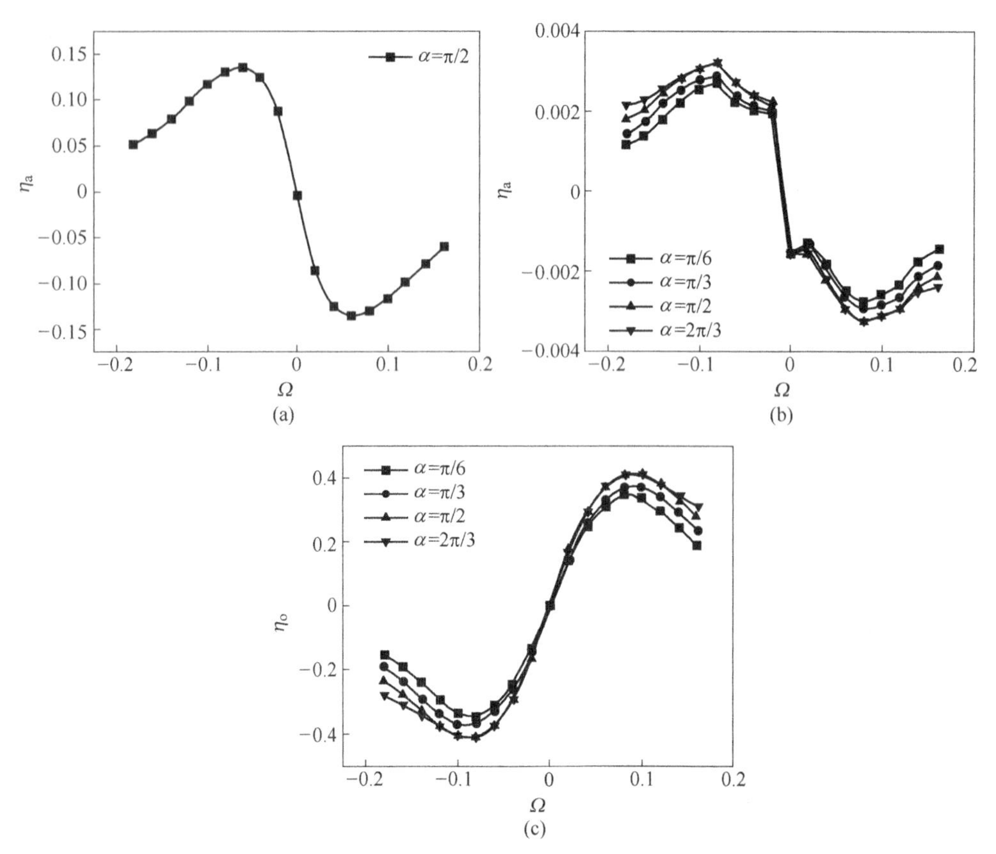

图 2.2　平均速度 η_a 和 η_o 随角速度 Ω 的变化

（其他参数为 $D_0=0.1$，$D_\theta=0.01$，$v_0=1.0$，$N=150$，$L_y=16.0$，$n_p=9$）

（a）在障碍物固定时 $\alpha=\pi/2$ 的活性粒子；（b）在障碍物可移动时 $\alpha=\pi/6$，$\pi/3$，$\pi/2$，$2\pi/3$ 的活性粒子；（c）在障碍物可移动时 $\alpha=\pi/6$，$\pi/3$，$\pi/2$，$2\pi/3$ 的障碍物

可以驱动障碍物沿 x 方向运动。因为障碍物所受的驱动力来自于手征粒子，所以它们的行为相似且方向相反。在模拟中，选择 $n_p=9$，$N=150$。换句话说，障碍物包括了 19 个粒子，而手征粒子有 131 个。这种情况类似于一个大质量的运动物体与一个小质量的静止物体碰撞，所有的活性粒子（$n_a=131$）作用于障碍物（$n_p=9$）导致障碍物的速度远大于活性粒子。此外，障碍物的速度大约为活性粒子速度的 131 倍。也就是说，障碍物与活性粒子的速度比取决于活性粒子的个数。当活性粒子个数增加时，作用于障碍物的力就增大，障碍物与活性粒子的速度之比就增加。当 $\Omega\to 0$ 及 $\Omega\to\infty$ 时，活性粒子的平均速度 $\eta_a\to 0$；因此，驱动效应可以忽略，障碍物的平均速度 $\eta_o\to 0$。所以存在一个最优值 $|\Omega|$，使 η_o 达到最大值。此外，可以通过控制活性粒子的角速度来控制障碍物的方向，相比于

非手征粒子，该方法可以作为一个控制物体运动的新技术和新优势。

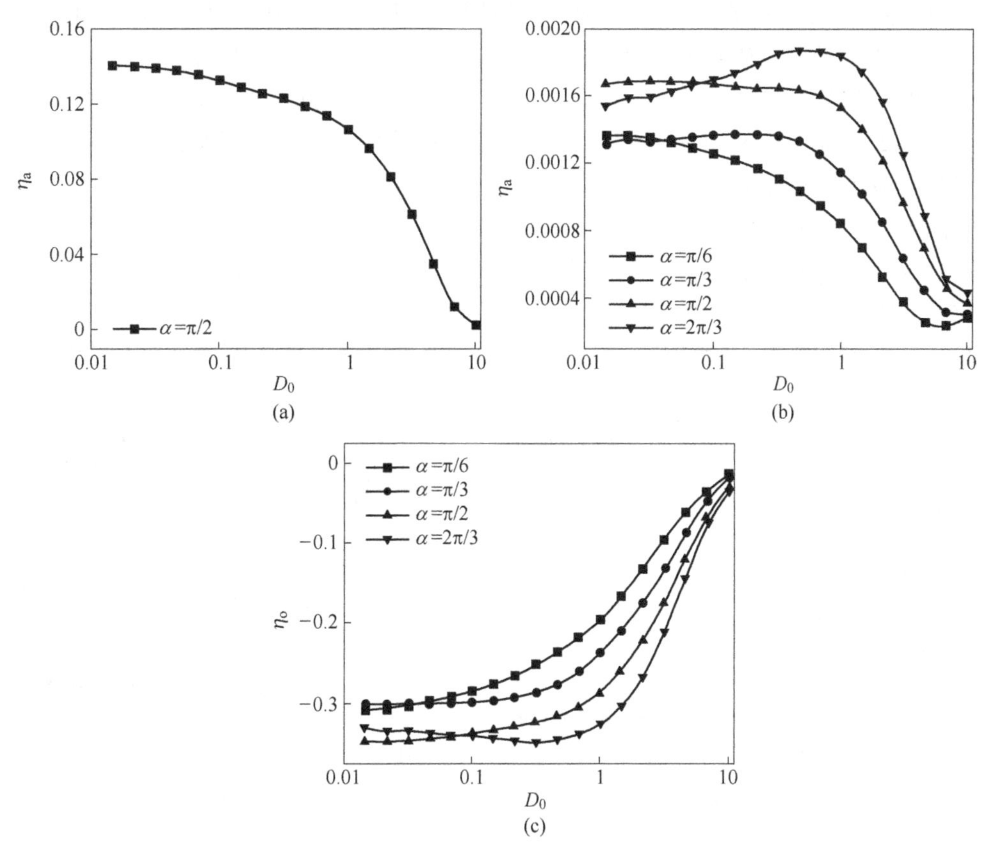

图 2.3 平均速度 η_a 和 η_o 随平动扩散系数 D_0 的变化

（其他参数为 $\Omega=-0.05$，$D_\theta=0.01$，$v_0=1.0$，$N=150$，$L_y=16.0$，$n_p=9$）

（a）在障碍物固定时 $\alpha=\pi/2$ 的活性粒子；（b）在障碍物可移动时 $\alpha=\pi/6$，$\pi/3$，$\pi/2$，$2\pi/3$ 的活性粒子；（c）在障碍物可移动时 $\alpha=\pi/6$，$\pi/3$，$\pi/2$，$2\pi/3$ 的障碍物

图 2.3 描述了平均速度 η_a 和 η_o 随平动扩散系数 D_0 的变化。我们知道平动扩散系数 D_0 可以导致两个结果：（1）当粒子容易越过障碍物时，减少自驱动力以阻止定向运动；（2）当粒子很难越过障碍物时，帮助粒子越过障碍物增加整流效率。当障碍物固定时（见图 2.3（a）），活性粒子容易越过障碍物，结果（1）起主要作用，因此整流效率 η_a 随 D_0 增加而减少。当障碍物可以移动时，活性粒子相比于障碍物固定时不容易越过障碍物，所以当 $\alpha=\pi/6$，$\pi/3$，$\pi/2$ 时，结果（1）起主要作用，活性粒子平均速度随 D_0 增加而减少。而当 $\alpha=2\pi/3$ 时，因障碍物角度增大导致更多粒子陷进障碍物，使粒子难以越过障碍物，结果（2）起主要作用。当 $D_0\to\infty$ 时，平动扩散非常大，障碍物的不对称效应消失，$\eta_a\to 0$。

因此，当 $\alpha=\pi/6$，$\pi/3$，$\pi/2$ 时，活性粒子平均速度随 D_0 增加而单调减少。当 $\alpha=2\pi/3$ 时，D_0 存在最优值，使得活性粒子平均速度达最大值（见图 2.3（b））。类似的，障碍物的速度 $|\eta_o|$ 在 $\alpha=\pi/6$，$\pi/3$，$\pi/2$ 时，随 D_0 增加而单调减少，而当 $\alpha=2\pi/3$ 时，$|\eta_o|$ 是 D_0 的峰值函数（见图 2.3（c））。

图 2.4 描述了 η_a 和 η_o 随转动扩散系数 D_θ 的变化。结果表明，当障碍物固定和可移动时的曲线类似（见图 2.4（a）和（b））。当 $D_\theta \to 0$ 时，自驱动角度 θ 不改变，平均速度接近最大值。当 D_θ 很大时，粒子无法感受自驱动导致棘齿效应减少，η_a 和 $|\eta_o|$ 趋于零。类似于之前的图，障碍物的速度远远大于活性粒子的速度（见图 2.4（c））。由于在障碍物可移动时，活性粒子速度很小，图 2.4（b）的曲线因为统计误差显得不光滑，但可以通过增加实验次数或者增加

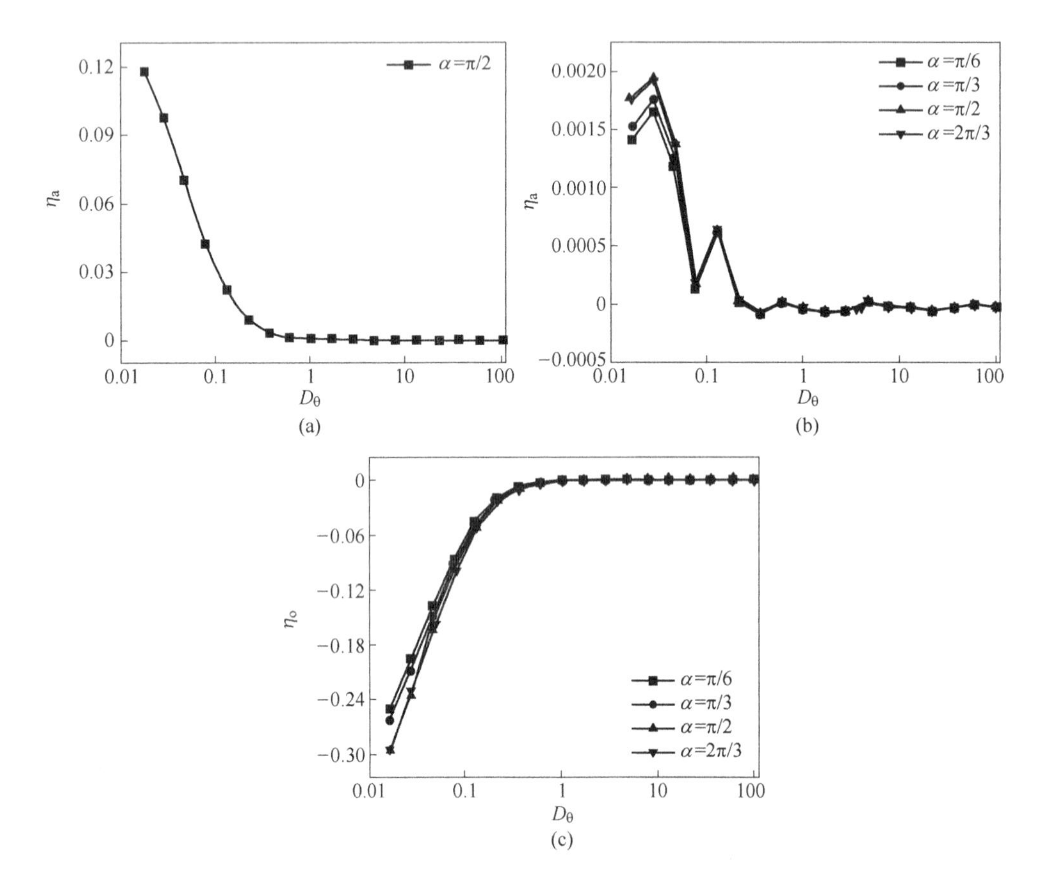

图 2.4 平均速度 η_a 和 η_o 随转动扩散系数 D_θ 的变化

（其他参数为 $\Omega=-0.05$，$D_0=0.1$，$v_0=1.0$，$N=150$，$L_y=16.0$，$n_p=9$）

（a）在障碍物固定时 $\alpha=\pi/2$ 的活性粒子；（b）在障碍物可移动时 $\alpha=\pi/6$，$\pi/3$，$\pi/2$，$2\pi/3$ 的活性粒子；（c）在障碍物可移动时 $\alpha=\pi/6$，$\pi/3$，$\pi/2$，$2\pi/3$ 的障碍物

积分时间来让曲线更加光滑。

图2.5描述了η_a和η_o随自驱动速度v_0的变化。当障碍物固定时（见图2.5(a)），在$v_0 \to 0$时，棘齿效应消失，η_a接近于零。当v_0增加，整流达到最大值。当v_0继续增大，平均速度减少最后趋近于常数。尽管如此，当v_0很大时，不对称效应消失，$\eta_a \to 0$（未在图中显示）。当障碍物可以移动时（见图2.5(b)和(c)），在$v_0 \to 0$时，$\eta_a \to 0$。当v_0很大时，因为障碍物移动，不对称效应比在障碍物固定时更容易消失，因此定向运动急剧递减。所以，存在最优值v_0使得活性粒子整流达最大值。

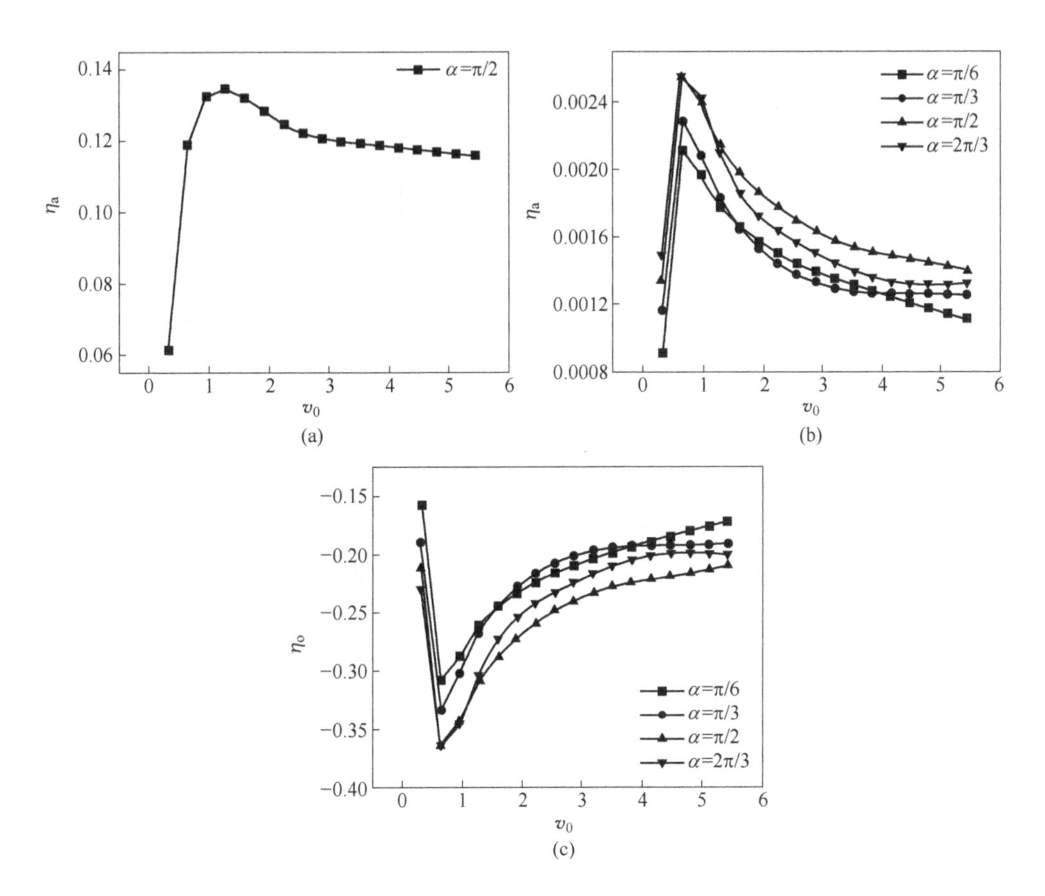

图2.5 平均速度η_a和η_o随自驱动速度v_0的变化

（其他参数为$\Omega=-0.05$，$D_0=0.1$，$n_p=9$，$N=150$，$L_y=16.0$，$D_\theta=0.01$）

（a）在障碍物固定时$\alpha=\pi/2$的活性粒子；（b）在障碍物可移动时$\alpha=\pi/6$，$\pi/3$，$\pi/2$，$2\pi/3$的活性粒子；（c）在障碍物可移动时$\alpha=\pi/6$，$\pi/3$，$\pi/2$，$2\pi/3$的障碍物

图2.6描述了平均速度η_a和η_o随粒子浓度ϕ的变化。当障碍物固定时（见

图 2.6（a）），活性粒子的平均速度随 ϕ 增加缓慢减少。当 ϕ 很大时，粒子变得很挤以至无法移动，因此 η_a 趋于零。当障碍物可以移动时（见图 2.6（b）和（c）），因为驱动效应急剧增加，所以活性粒子整流随 ϕ 增加急剧减少（见图 2.6（b））。当 $\phi\to 1$ 时，因为粒子很挤，$\eta_a\to 0$。当障碍物可以移动时（见图 2.6（c）），$\phi\to 0$ 时，因为很少活性粒子驱动障碍物，所以驱动效应很小，导致 $|\eta_o|\to 0$。当粒子浓度很大时，粒子很挤，障碍物也无法移动，所以 $|\eta_o|\to 0$。所以存在一个最优值，使障碍物平均速度最大。值得注意的是，障碍物和活性粒子的速度比取决于活性粒子数。

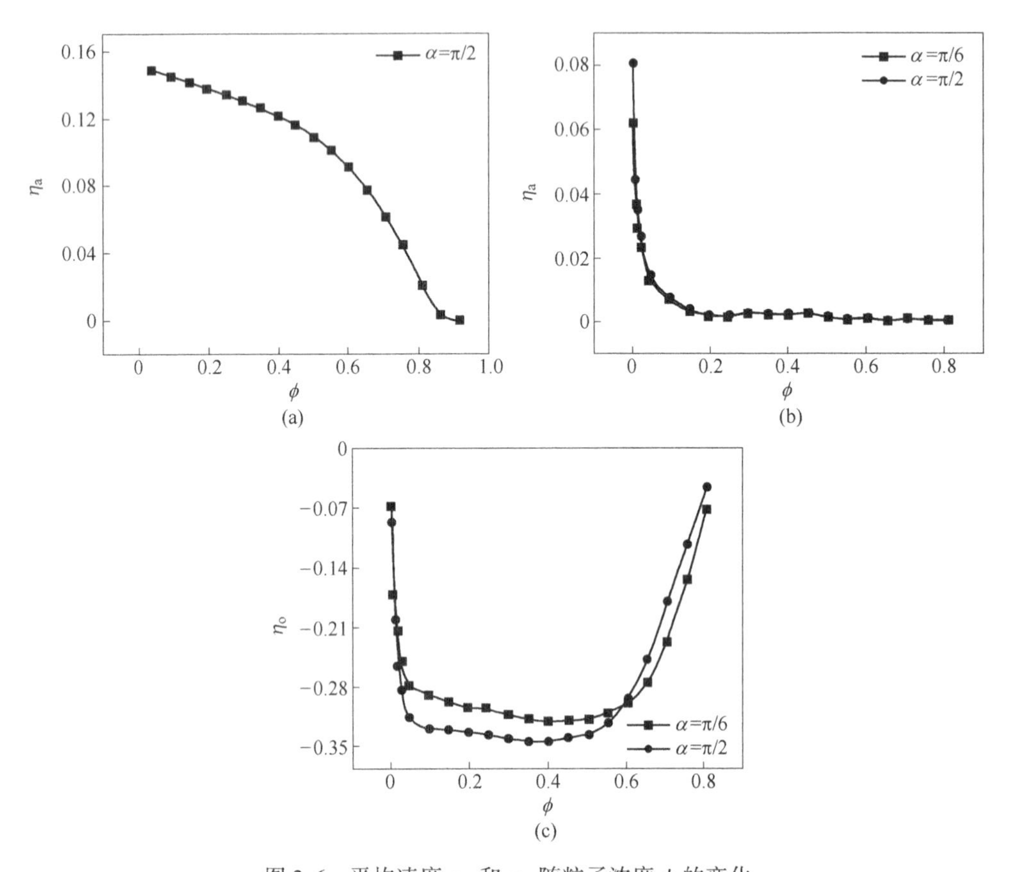

图 2.6　平均速度 η_a 和 η_o 随粒子浓度 ϕ 的变化

（其他参数为 $\Omega=-0.05$，$D_0=0.1$，$v_0=1.0$，$n_p=9$，$L_y=16.0$，$D_\theta=0.01$）

（a）在障碍物固定时 $\alpha=\pi/2$ 的活性粒子；（b）在障碍物可移动时 $\alpha=\pi/6$，$\pi/2$ 的活性粒子；

（c）在障碍物可移动时 $\alpha=\pi/6$，$\pi/2$ 的障碍物

图 2.7 描述了 η_a 和 η_o 随障碍物粒子数 n_p 的变化。当障碍物固定时（见图 2.7（a）），活性粒子平均速度曲线为铃铛状，n_p 存在最优值使得活性粒子平均

速度 η_a 达到最大值。我们可以通过以下来解释：当 n_p 很小时，通道接近于对称，障碍物不对称效应消失，活性粒子平均速度 η_a 接近于零。随 n_p 增加，障碍物变得不对称，η_a 增加。当 n_p 增加到可以将通道隔开分成两部分时，粒子无法越过障碍物，此时 $\eta_a \to 0$。因此，n_p 存在最优值，使活性粒子速度达到最大值。当增大通道宽度 L_y 时，因为障碍物不对称效应减少，所以 η_a 减小。n_p 最优值的位置往减少方向轻微移动。也就是说，n_p 最优值位置与通道宽度 L_y 基本无关。当障碍物可以移动时（见图 2.7（b）和（c）），n_p 很小时，很多粒子作用在障碍物上，导致障碍物速度达到最大值。增加 n_p，驱动效应减少，平均速度单调递减，最后趋于零。

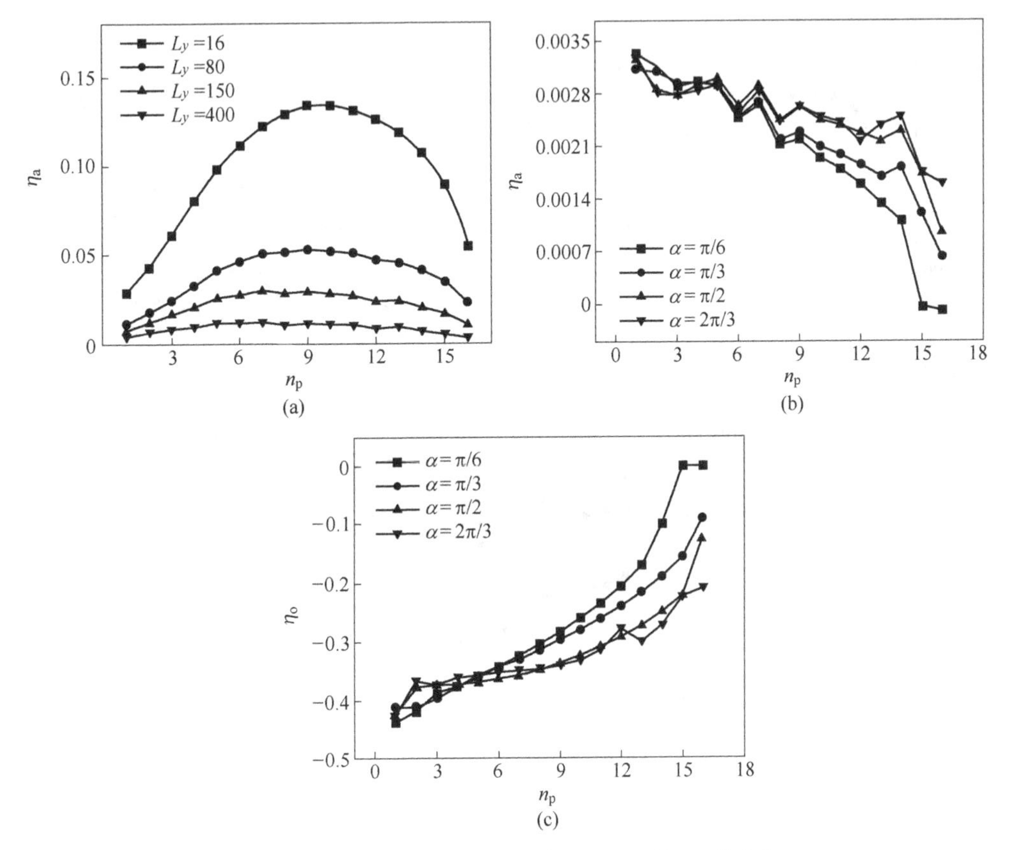

图 2.7 平均速度 η_a 和 η_o 随障碍物粒子数 n_p 的变化

（其他参数为 $\Omega=-0.05$，$D_0=0.1$，$v_0=1.0$，$n_a=140$，$D_\theta=0.01$）

（a）在障碍物固定时 $\alpha=\pi/2$，取不同通道宽度 L_y 的活性粒子；（b）在障碍物可移动时 $L_y=16$，$\alpha=\pi/6$，$\pi/3$，$\pi/2$，$2\pi/3$ 的活性粒子；（c）在障碍物可移动时 $L_y=16$，$\alpha=\pi/6$，$\pi/3$，$\pi/2$，$2\pi/3$ 的障碍物

图 2.8 描述了 η_a 和 η_o 随障碍物角度 α 的变化。当障碍物固定时（见图 2.8

(a)),存在最优值 α,使得 η_a 达最大值。当 $\alpha\to 0$ 时,因为障碍物高度小于通道宽度 L_y,所以粒子可以越过障碍物。所以 η_a 很小但不趋于零。当 α 很大时,不对称效应消失,没有定向运动,因此 $\eta_a\to 0$。当障碍物可以移动时(见图 2.8(b)和(c)),η_a和 $|\eta_o|$ 随 α 增大轻微增加。换句话说,平均速度与角度 α 基本无关。这一结果与障碍物可移动时的其他图形结果一致。特别的,当 $\alpha=\pi$ 时,平均速度达到最大值。可以做如下解释:当 $\alpha\neq\pi$ 时,障碍物有两边,每一边有 n_p 个粒子。驱动力从 x 正负方向作用于障碍物两边的粒子。当 $\alpha=\pi$ 时,障碍物变成一根直棒,因为驱动力主要从 x 负方向作用于障碍物,所以驱动效应远比$\alpha\neq\pi$时大得多,使得整流达到最大值。

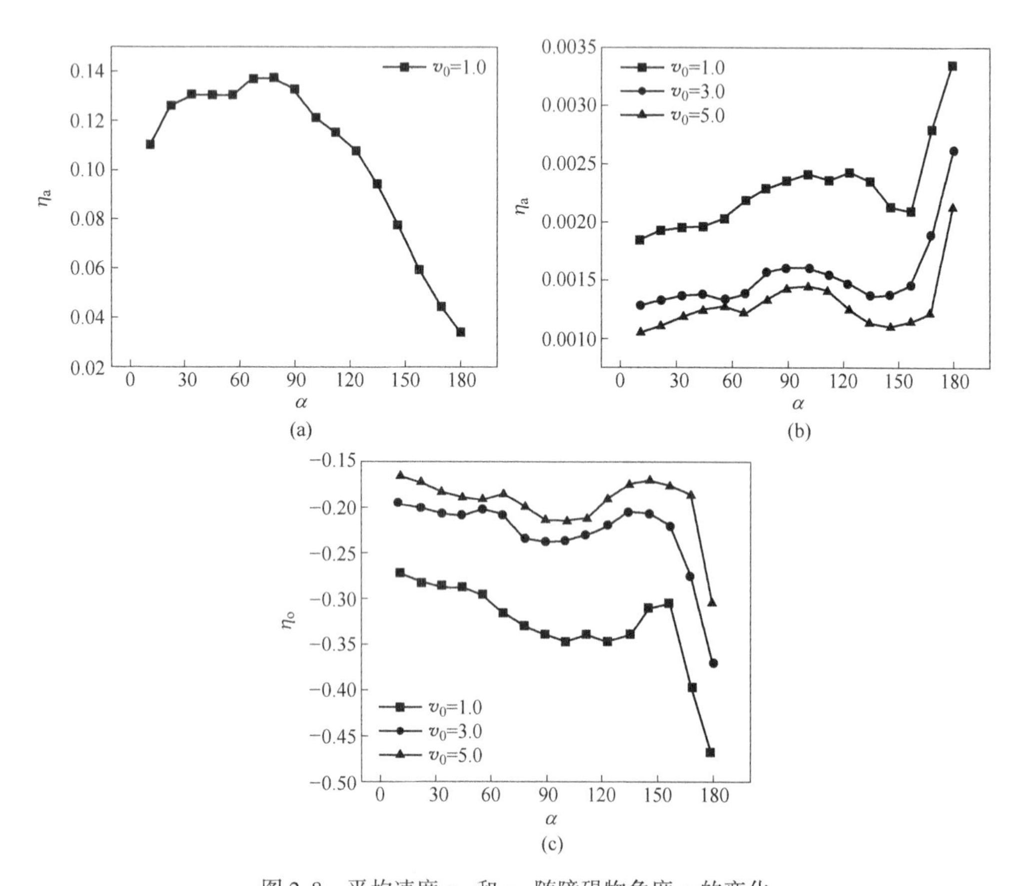

图 2.8　平均速度 η_a 和 η_o 随障碍物角度 α 的变化

(其他参数为 $\Omega=-0.05$, $D_0=0.1$, $n_p=9$, $N=150$, $L_y=16.0$, $D_\theta=0.01$)

(a)在障碍物固定时 $v_0=1.0$ 的活性粒子;(b)在障碍物可移动时 $v_0=1.0$, 3.0, 5.0 的活性粒子;

(c)在障碍物可移动时 $v_0=1.0$, 3.0, 5.0 的障碍物

图 2.9 描述了平均速度 η_a 和 η_o 随通道宽度 L_y 的变化。在系统中,障碍物

的臂长为9，所以 L_y 必须大于9。当障碍物固定时（见图2.9（a）），L_y 存在最优值，使活性粒子整流达最大值。可以做如下解释：当 L_y 很小时，障碍物阻断通道，粒子无法越过障碍物，导致 η_a 趋于零。当 $L_y \to \infty$ 时，通道接近于对称，障碍物不对称效应消失，因此 $\eta_a \to 0$。当障碍物可以移动时（见图2.9（b）和（c）），当 L_y 很小时，粒子很难越过障碍物，导致 η_a 和 $|\eta_o|$ 都趋于零。当 L_y 增大时，因为粒子越来越容易越过障碍物，所以 η_a 和 $|\eta_o|$ 单调递增且达到最大值。当 $L_y \to \infty$ 时，大部分粒子无法与障碍物相互作用，因此棘齿效应消失，η_a 和 $|\eta_o|$ 都趋于零（未在图中显示）。

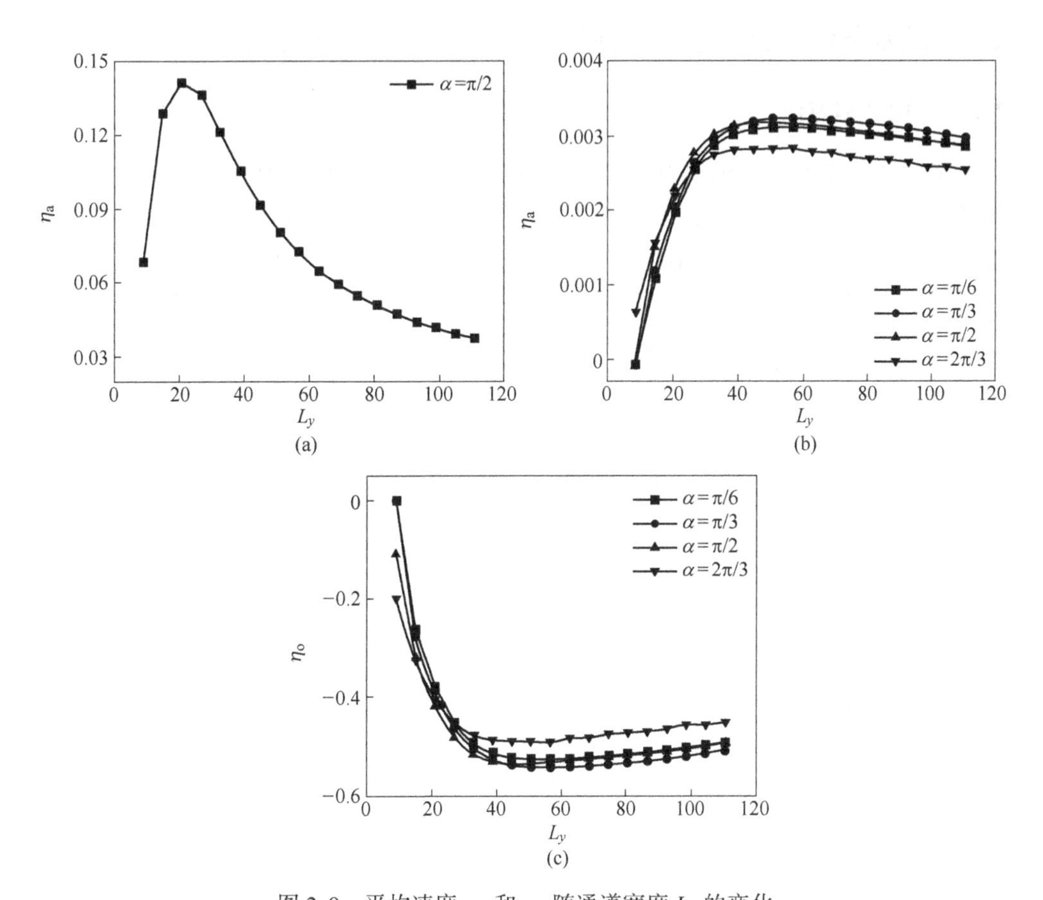

图2.9　平均速度 η_a 和 η_o 随通道宽度 L_y 的变化

（其他参数为 $\Omega=-0.05$，$D_0=0.1$，$v_0=1.0$，$n_p=9$，$n=150$，$D_\theta=0.01$）

（a）在障碍物固定时 $\alpha=\pi/2$ 的活性粒子；（b）在障碍物可移动时 $\alpha=\pi/6$，$\pi/3$，$\pi/2$，$2\pi/3$ 的活性粒子；（c）在障碍物可移动时 $\alpha=\pi/6$，$\pi/3$，$\pi/2$，$2\pi/3$ 的障碍物

最后，讨论该模型在实验中实现的可能性。在室温下考虑枯草芽孢杆菌（直

径为 1μm）在二维通道中运动。细菌在肉汤生长培养基繁殖 8～12h。我们使用红外接近传感器测量介质的光散射来控制细菌在繁殖期的浓度[15]。一个 V 形障碍物放置在通道底端[55,56]。我们可以通过外磁场来控制障碍物的角度[15]。为了限制 V 形障碍物只在 x 方向移动，两条平行轨道（活性粒子感受不到轨道的存在）放置在通道中，一条固定在通道底端，另一条固定在障碍物顶端。引力影响可以忽略。因为活性粒子手征性和障碍物位置的横向不对称性，活性粒子可以驱动障碍物在纵向上定向运动。障碍物和活性粒子的运动状态可以由数字高分辨率显微摄像机捕获，并由此计算平均速度。

2.3　温差条件下包含手征活性粒子的封闭圆环的输运

2.3.1　模型和方法

考虑 n 个半径为 r 的手征活性粒子被半径为 R 的封闭圆环包裹，在二维直通道（x 方向为周期边界，周期为 L_x，y 方向为受限边界且满足温差条件，宽度为 L_y）中运动，如图 2.10（a）所示。设置 $y=0$（低通道壁）处温度为 T_0，$y=L_y$（高通道壁）处温度为 $T_0+\delta T$。y 方向的温度梯度可由方程式（2.10）描述。由图 2.10（b）可知，当 $t_1>t_2$ 时，粒子往右边运动；当 $t_1<t_2$ 时，粒子往左边运动。

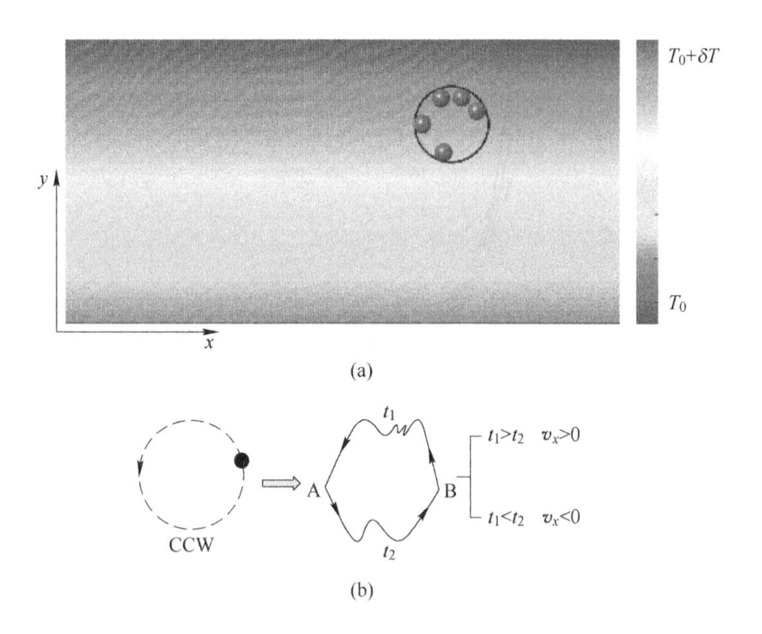

图 2.10　手征活性粒子驱动圆环运动模型（a）和逆时针旋转粒子（CCW）漂移方向（b）

$$T(y) = T_0 + \delta T \frac{y}{L_y} = T_0\left(1 + \Delta T \frac{y}{L_y}\right) \tag{2.10}$$

式中，δT 和 ΔT 分别为上通道壁与下通道壁的绝对温差和相对温差。

平动扩散系数和转动扩散系数分别由方程式（2.11）和式（2.12）描述

$$D_{\mathrm{T}}(y) = \mu k_{\mathrm{B}} T_0\left(1 + \Delta T \frac{y}{L_y}\right) \tag{2.11}$$

$$D_{\theta}(y) = \mu_{\mathrm{r}} k_{\mathrm{B}} T_0\left(1 + \Delta T \frac{y}{L_y}\right) \tag{2.12}$$

式中，k_{B} 为玻尔兹曼常数。平动迁移率 μ 和转动迁移率 μ_{r} 相互独立。

手征活性粒子的运动来源于随机扩散，自驱动力和扭矩的共同作用。粒子 i 的位置可由 $\boldsymbol{r}_i \equiv (x_i, y_i)$ 描述，粒子速度方向由极坐标轴 $\boldsymbol{n}_i \equiv (\cos\theta_i, \sin\theta_i)$ 中的方向角 θ_i 表示。定义 $\boldsymbol{F}_i = F_i^x \boldsymbol{e}_x + F_i^y \boldsymbol{e}_y = \sum_j \boldsymbol{F}_{ij}$ 为粒子 i 与其他活性粒子的作用力，$\boldsymbol{G}_{ic} = G_i^x \boldsymbol{e}_x + G_i^y \boldsymbol{e}_y = \sum_j \boldsymbol{G}_{ij}$ 为粒子 i 与圆环的作用力。对手征活性粒子来说，作用在粒子上的扭矩会产生角速度，θ 随角速度变化。此处忽略温度梯度产生的扭矩。粒子 i 遵循以下过阻尼朗之万方程：

$$\frac{\mathrm{d}x_i}{\mathrm{d}t} = \mu[F_i^x + G_i^x] + v_0\cos\theta_i + \sqrt{2D_{\mathrm{T}}(y_i)}\,\xi_i^x(t) \tag{2.13}$$

$$\frac{\mathrm{d}y_i}{\mathrm{d}t} = \mu[F_i^y + G_i^y] + v_0\sin\theta_i + \sqrt{2D_{\mathrm{T}}(y_i)}\,\xi_i^y(t) \tag{2.14}$$

$$\frac{\mathrm{d}\theta_i}{\mathrm{d}t} = \Omega + \sqrt{2D_{\theta}(y_i)}\,\xi_i^{\theta}(t) \tag{2.15}$$

式中，v_0 为自驱动速度的振幅；Ω 为角速度；它的符号决定了活性粒子的手征性，当 $\Omega<0$ 时，粒子顺时针旋转（CW），当 $\Omega>0$ 时，粒子逆时针旋转（CCW）；$\xi_i^x(t)$，$\xi_i^y(t)$ 和 $\xi_i^{\theta}(t)$ 为高斯白噪声。

活性粒子 i 和活性粒子 j 的相互作用力 $\boldsymbol{F}_{ij}$ 以及活性粒子 i 和圆环的相互作用力 $\boldsymbol{G}_{ic}$ 用线性弹性力来表示。如果 $r_{ij}<2r$，则 $\boldsymbol{F}_{ij} = k_1(2r - r_{ij})\boldsymbol{e}_{\mathrm{r}}$（否则，$\boldsymbol{F}_{ij} = 0$），其中 r_{ij} 是活性粒子 i 和 j 的距离。如果 $r_{ij}<2r$，则 $\boldsymbol{G}_{ic} = k_2(R - r - r_{ic})\boldsymbol{e}_{\mathrm{r}}$（否则，$\boldsymbol{G}_{ic} = 0$），其中 r_{ic} 是活性粒子 i 和圆环中心的距离。用大的 k_1 和 k_2 值来模拟硬粒子，以确保粒子出现重叠后很快分开。

圆环由活性粒子的碰撞以及作用在圆环上的力 $\boldsymbol{G}_{\mathrm{c}} = G_{\mathrm{c}}^x \boldsymbol{e}_x + G_{\mathrm{c}}^y \boldsymbol{e}_y = \sum_i \boldsymbol{G}_{\mathrm{c}i}$ 驱动。该力导致圆环在 x 方向上运动。圆环的质心运动方程为：

$$\frac{\mathrm{d}x_{\mathrm{c}}}{\mathrm{d}t} = \gamma G_{\mathrm{c}}^{x} \tag{2.16}$$

$$\frac{\mathrm{d}y_{\mathrm{c}}}{\mathrm{d}t} = \gamma G_{\mathrm{c}}^{y} \tag{2.17}$$

式中，γ 为摩擦系数；$\boldsymbol{r} = (x_{\mathrm{c}},\ y_{\mathrm{c}})$ 是圆环的质心；$\boldsymbol{G}_{ci}$是 $\boldsymbol{G}_{ic}$的反作用力。

引入长度和时间尺度量 $\hat{x} = \frac{x}{2r}$，$\hat{y} = \frac{y}{2r}$，$\hat{t} = \mu kt$，对方程式（2.13）~式（2.15）进行无量纲化：

$$\frac{\mathrm{d}\hat{x}_i}{\mathrm{d}\hat{t}} = \hat{F}_i^x + \hat{G}_i^x + \hat{v}_0\cos\theta_i + \sqrt{2\hat{D}_{\mathrm{T}}(\hat{y}_i)}\,\hat{\xi}_i^x(\hat{t}) \tag{2.18}$$

$$\frac{\mathrm{d}\hat{y}_i}{\mathrm{d}\hat{t}} = \hat{F}_i^y + \hat{G}_i^y + \hat{v}_0\sin\theta_i + \sqrt{2\hat{D}_{\mathrm{T}}(\hat{y}_i)}\,\hat{\xi}_i^y(\hat{t}) \tag{2.19}$$

$$\frac{\mathrm{d}\theta_i}{\mathrm{d}\hat{t}} = \hat{\Omega} + \sqrt{2\hat{D}_{\theta}(\hat{y}_i)}\,\hat{\xi}_i^{\theta}(\hat{t}) \tag{2.20}$$

其他参数无量纲化为 $\hat{L}_x = \frac{L_x}{2r}$，$\hat{L}_y = \frac{L_y}{2r}$，$\hat{R} = \frac{R}{2r}$，$\hat{v}_0 = \frac{v_0}{2\mu kr}$，$\hat{D}_{\mathrm{T}}(\hat{y}_i) = \frac{D_T(y_i)}{\mu kr^2}$，$\hat{D}_{\hat{\theta}}(\hat{y}_i) = \frac{D_{\theta}(y_i)}{\mu k}$。以下讨论，均使用无量纲量，因此所有量上的“帽子”将省略。

使用二阶 Runge-Kutta 算法对方程式（2.18）~式（2.20）积分，得到所有量的动力学行为。因为 y 方向为有界，粒子输运只发生在 x 方向，所以为了量化棘齿效应，只计算 x 方向的平均速度。经过长时间计算，可得到圆环在 x 方向的平均速度为：

$$v_{\mathrm{c}} = \lim_{t\to\infty}\frac{x_{\mathrm{c}}(t) - x_{\mathrm{c}}(0)}{t} \tag{2.21}$$

2.3.2 结果和讨论

在该模拟中，整个积分时间长于 10^7，积分步长小于 10^{-3}。计算结果是进行了多于 100 次的实验得到的。此外，无特别说明，其他参数设置为 $L_x = 30.0$，$L_y = 15.0$，$\gamma = 1.0$，$r = 0.5$，$k_1 = k_2 = 1.0$，$k_B = 1.0$，$\mu = 1.0$ 及 $\mu_r = 1.0$。重点研究手征活性粒子驱动圆环的运动。当粒子加上横向不对称时，粒子旋转运动被破坏（见图 2.10（b））。以逆时针旋转粒子（CCW）为例，其漂移方向如图 2.10（b）所示。粒子沿上（下）轨迹从 B(A) 运动到 A(B) 所需时间为 $t_1(t_2)$。当 $t_1 > t_2$ 时，粒子往右边运动，$v_x > 0$，当 $t_1 < t_2$ 时，粒子往左边运

动，$v_x<0$。改变 Ω、T_0、ΔT、R、v_0 及 n，计算得到了被手征活性粒子驱动的圆环的平均速度。

图 2.11 显示了分别包含 CCW 粒子和 CW 粒子的圆环的平均速度 v_c 随角速度 $|\Omega|$ 的变化。结果显示，包含 CCW 粒子的圆环速度为正，包含非手征粒子的圆环速度为零，包含 CW 粒子的圆环速度为负数。圆环的运动方向完全取决于所包含的粒子手征性。当 $|\Omega|\to 0$ 时，手征性消失，定向运动消失，因此 v_c 趋于零；当 $|\Omega|\to\infty$ 时，自驱动角度变化太快，以至于粒子将会经历零平均力，因此，v_c 趋于零。所以存在一个最优值 $|\Omega|$，使 v_s 达到最大值。当给定 $|\Omega|$ 值时，包含 CCW 粒子的圆环速度 v_c 等于包含 CW 粒子的圆环速度 v_c，所以以下讨论中，只考虑 CCW 粒子。可以做如下解释：在自由均匀空间中，手征活性粒子做圆周运动且运动轨迹的半径为 $v_0/|\Omega|$。当空间中存在温差时，圆周运动轨迹被破坏。由于高温导致运动的随机性，靠近下通道壁的轨迹比靠近上通道壁的轨迹更具弹道性。运动轨迹的上半部分更随机且更长，而下半部分更具方向性且更短。沿上壁运动时间大于沿下壁运动时间，因此包含 CCW 粒子的圆环向右运动（$v_c>0$）。同理，包含 CW 粒子的圆环向左运动（$v_c<0$）。图 2.11（a）描绘了 $R=3.0$ 时，在不同手征活性粒子数 n 下的圆环速度随角速度 $|\Omega|$ 的变化。结果显示，圆环平均速度 v_c 随手征活性粒子数增多而微量减小。图 2.11（b）和（c）分别显示了 $n=1$ 和 $n=4$ 时，不同圆环半径 R 下圆环速度随角速度 $|\Omega|$ 的变化。结果表明，当 $n=1$ 时，v_c 随圆环半径 R 的增大而减小；而当 $n=4$ 时，v_c 随圆环半径 R 的增大而增大。这是由于当圆环只包含一个粒子时，圆环半径越大，圆环质心移动速度受手征活性粒子驱动越小，因而圆环速度越小。当圆环包含多个粒子时，粒子间的相互作用增强了粒子对圆环的驱动力，圆环半径越大，圆环受粒子驱动力越大，因而圆环速度越大。所有输运行为将有类似的结果（见图 2.12~图 2.20）。

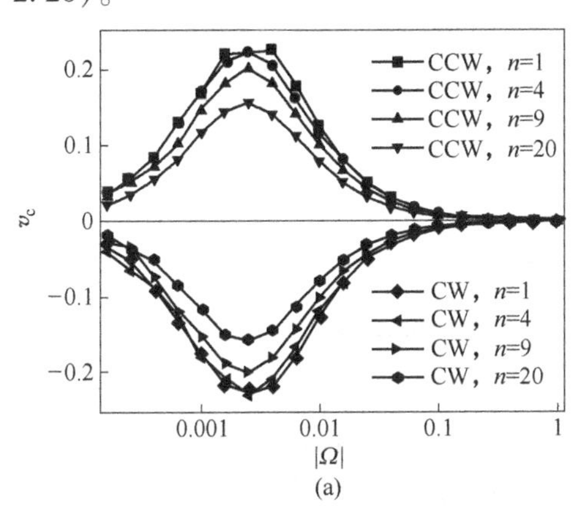

(a)

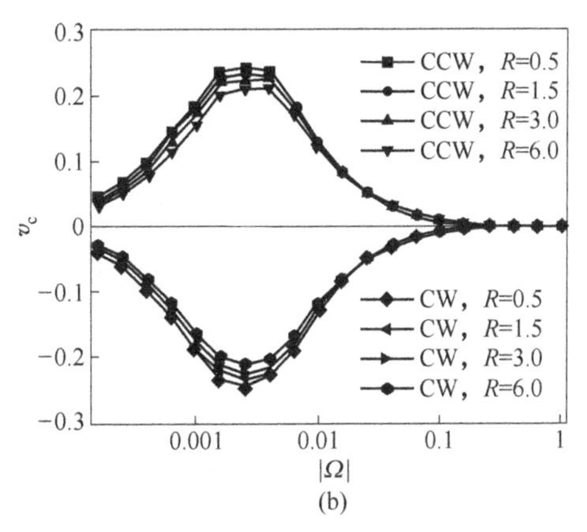

(b)

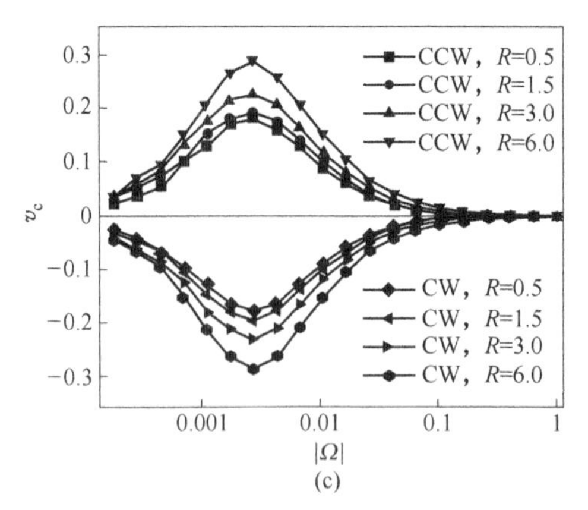

图 2.11　平均速度 v_c 随角速度 $|\Omega|$ 的变化

（其他参数为 $v_0=2.0$，$T_0=0.001$ 及 $\Delta T=5.0$）

（a）在不同手征活性粒子数 n 下，$R=3.0$；（b）在不同圆环半径 R 下，$n=1$；

（c）在不同圆环半径 R 下，$n=4$

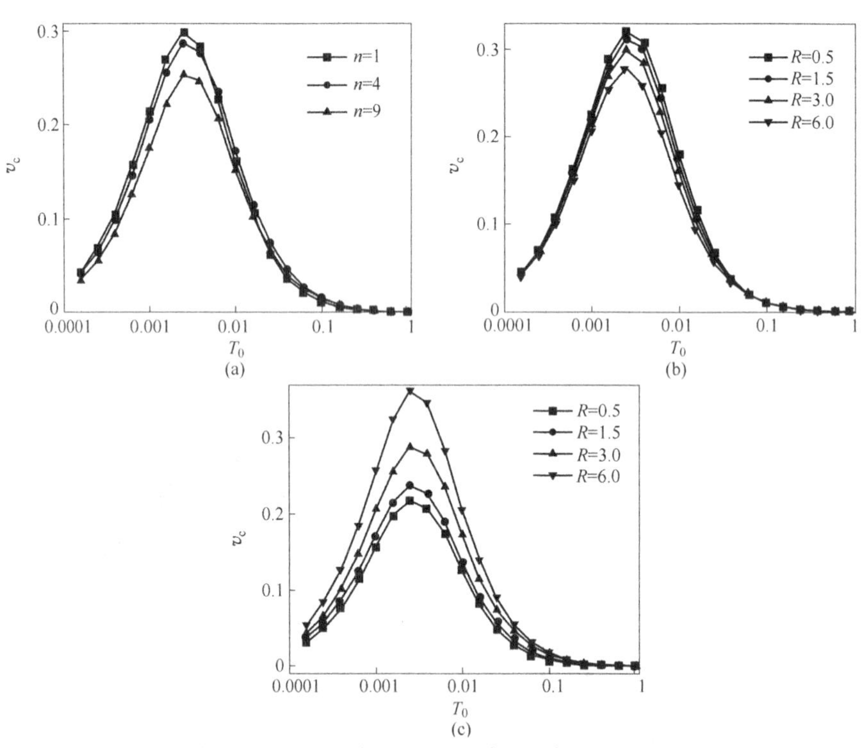

图 2.12　平均速度 v_c 随下通道壁温度 T_0 的变化

（其他参数为 $v_0=2.0$，$\Delta T=10.0$ 及 $\Omega=0.01$）

（a）在不同手征活性粒子数 n 下，$R=3.0$；（b）在不同圆环半径 R 下，$n=1$；

（c）在不同圆环半径 R 下，$n=4$

图 2.12 描述了在不同手征活性粒子数 n 及不同圆环半径 R 下，圆环速度 v_c 随下通道壁温度 T_0 的变化。由图可知，v_c 是下壁温度 T_0 的峰值函数。当 $T_0 \to 0$ 时，平动扩散系数 D_T，转动扩散系数 D_θ 及平均温度 $T_0(1 + \Delta T/2)$ 趋于零，手征活性粒子定向输运消失，因此圆环速度 $v_c \to 0$。当 $T_0 \to \infty$ 时，平均温度 $T_0(1 + \Delta T/2)$ 非常高，粒子运动轨迹变得随机，由于 D_T 和 D_θ 分别远远大于 v_0 和 Ω，粒子自驱动速度可以忽略，v_c 趋于零。因此存在最优值 T_0 使得圆环速度 v_c 达到最大值。

图 2.13 显示了在不同手征活性粒子数 n 及不同圆环半径 R 下，圆环速度 v_c 随温度差 ΔT 的变化。结果表明，v_c 是温度差 ΔT 的峰值函数（图中未显示 ΔT 很大时的图像）。当 $\Delta T \to 0$ 时，通道空间均匀，不具有不对称性，因此手征活性粒子定向输运消失，圆环速度 v_c 趋于零。当 $\Delta T \to \infty$ 时，平均温度 $T_0(1 + \Delta T/2)$ 非常高，自驱动速度和粒子手征性可以忽略（$D_T(y) \gg v_0$ 及 $D_\theta(y) \gg \Omega$），随机运动占主导地位，因此 v_c 趋于零。所以存在最优值 ΔT 使得圆环速度达到最大值。

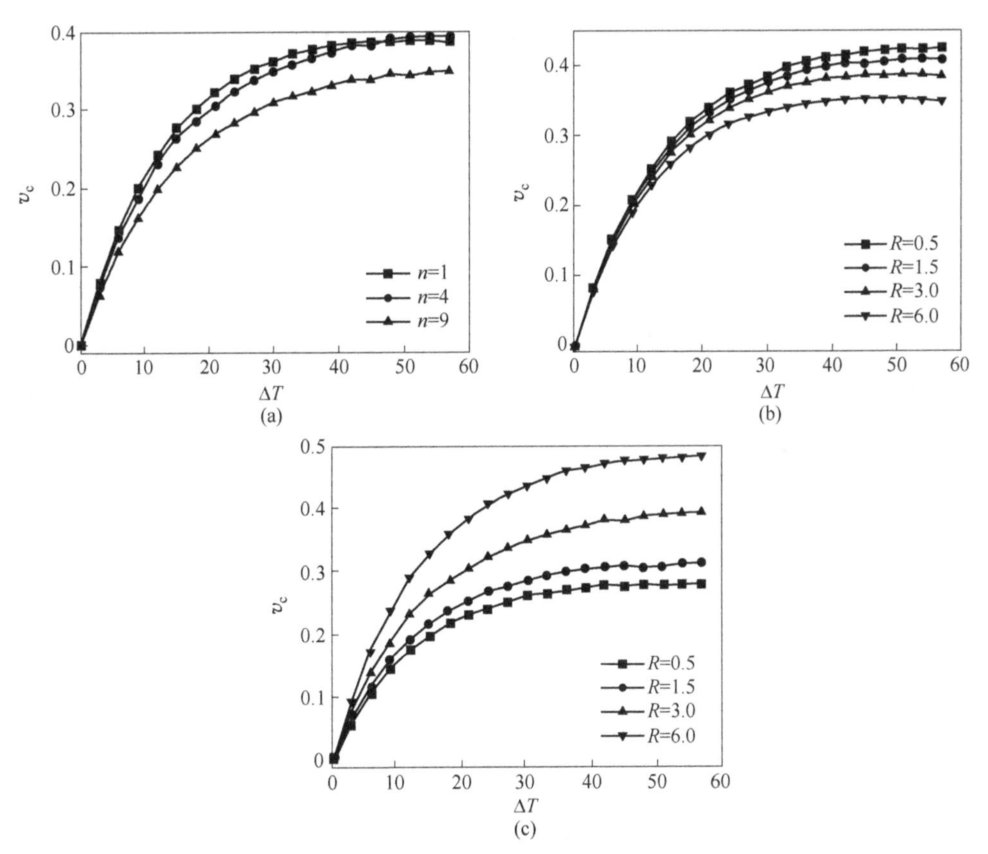

图 2.13 平均速度 v_c 随温度差 ΔT 的变化

（其他参数为 $v_0 = 2.0$，$T_0 = 0.001$ 及 $\Omega = 0.01$）

（a）在不同手征活性粒子数 n 下，$R = 3.0$；（b）在不同圆环半径 R 下，$n = 1$；

（c）在不同圆环半径 R 下，$n = 4$

图 2.14 描绘了在不同角速度 Ω 下，平均速度 v_c 随圆环半径 R 的变化。由图可知，$\Omega=1.0$ 时，粒子自驱动角度变化太快，圆环速度 v_c 趋于零。这与图 2.11 结果一致。当圆环包含一个粒子即 $n=1$ 时（见图 2.14a），且 $\Omega=0.001$ 及 0.01 时，粒子做圆周运动的轨迹半径 v_0/Ω 较大，圆环半径 R 越大，粒子对圆环的驱动力越弱，因而 v_c 越小；而当 $\Omega=0.1$ 时，粒子做圆周运动的轨迹半径 v_0/Ω 较小，圆环定向运动主要来自于 Ω 导致的上下部分轨迹的差异强度，圆环半径 R 越大，圆环对粒子抑制作用越弱，所以 v_c 越大。当圆环包含多个粒子即 $n=4$ 时（见图 2.14（b）），粒子间的相互作用占主导作用，促进了圆环的定向运动，因而 v_c 随圆环半径 R 的增大而增大。

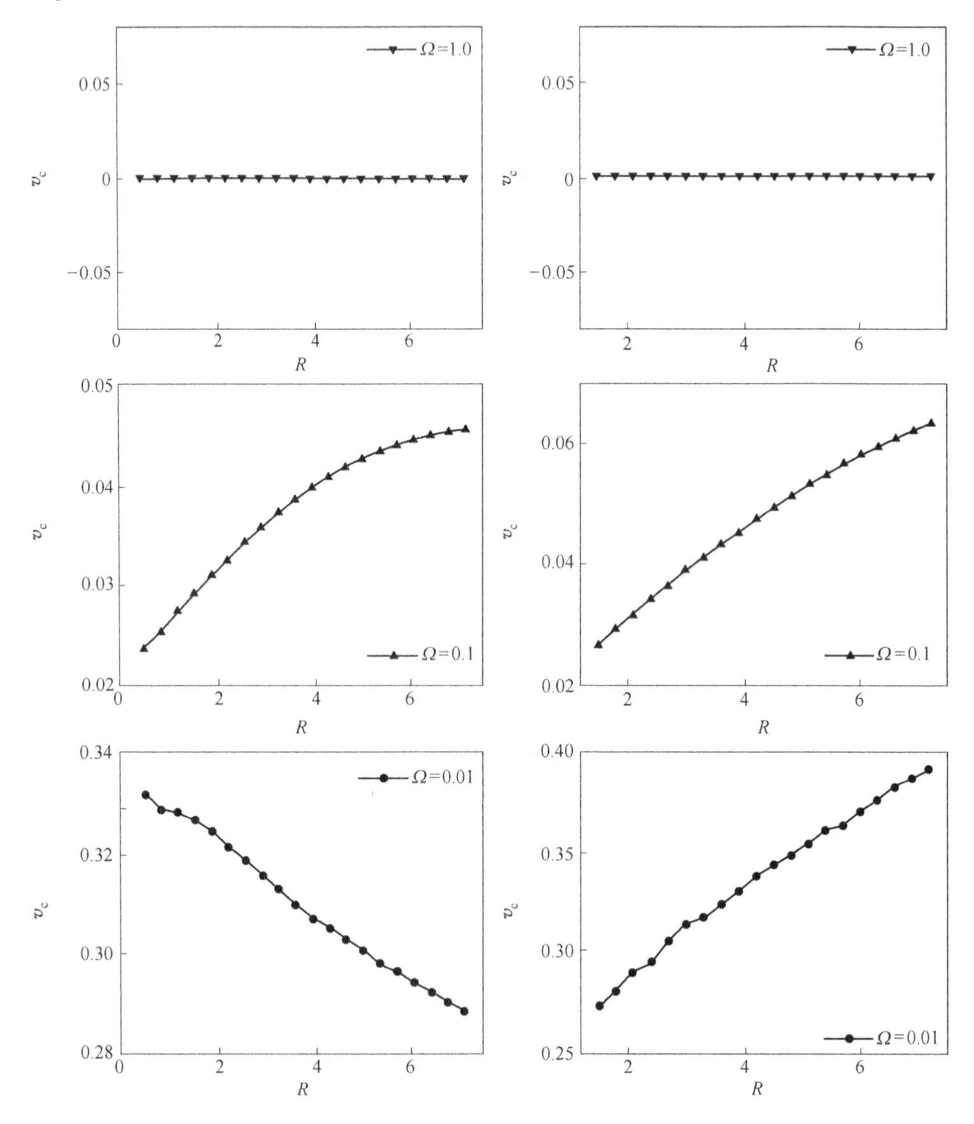

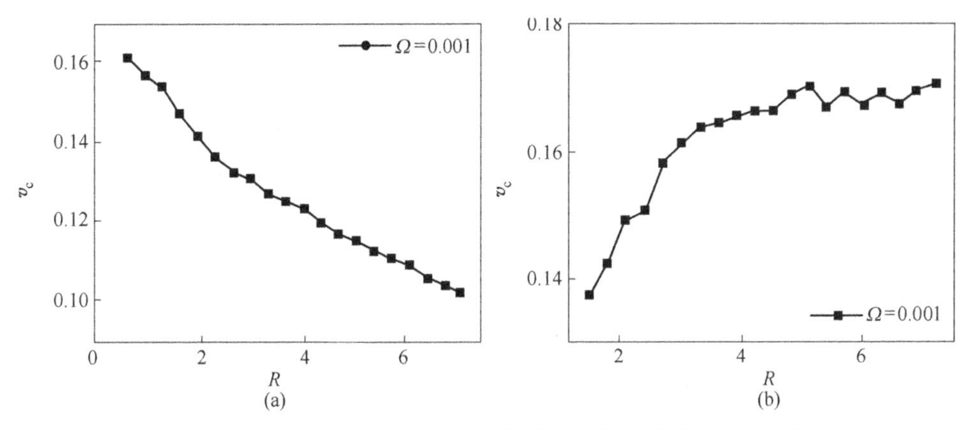

图 2.14 在不同角速度 Ω 下，平均速度 v_c 随圆环半径 R 的变化

（其他参数为 $v_0=2.0$，$T_0=0.001$ 及 $\Delta T=20.0$）

（a）$n=1$；（b）$n=4$

图 2.15 显示了在不同下通道壁温度 T_0 下，平均速度 v_c 随圆环半径 R 的变化。结果显示，当圆环包含一个粒子即 $n=1$ 时，v_c 随圆环半径 R 的增大而减小；当圆环包含多个粒子即 $n=4$ 时，v_c 是圆环半径 R 的峰值函数，且峰值位置随 T_0 增大而往 R 减小方向移动。我们可以解释如下：当 $n=1$ 时，粒子与圆环的相互作用占主导地位，圆环半径越大，圆环的限制对圆环速度起抑制作用，因而 v_c 随圆环半径 R 的增大而减小。当 $n=4$ 时，圆环的运动由粒子的扩散和粒子间的相互作用共同决定，当 R 较小时，粒子的相互作用起主导作用，促进了圆环运动，所以 v_c 随圆环半径 R 的增大而增大；而当 R 较大时，粒子间相互作用逐渐减弱，粒子扩散作用增强，因此 v_c 随圆环半径 R 的增大而减小。值得注意的是，圆环速度是下壁温度 T_0 的峰值函数，这与图 2.12 的结果一致。

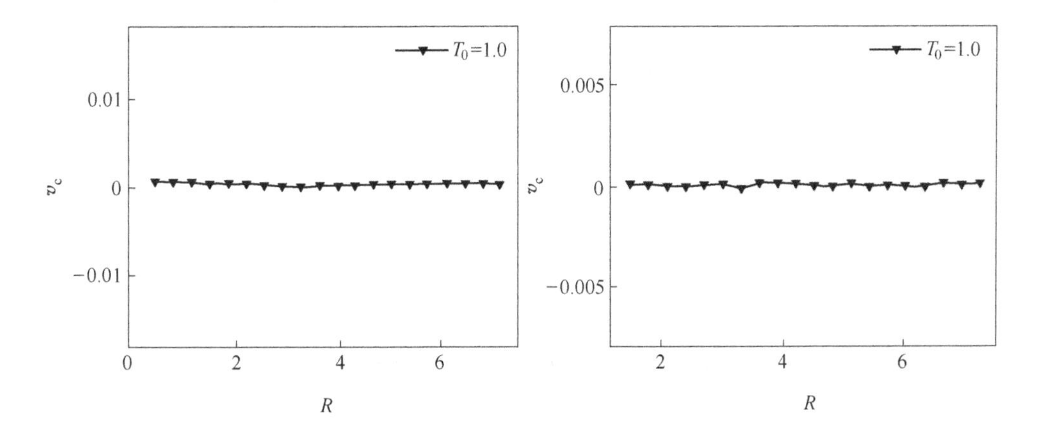

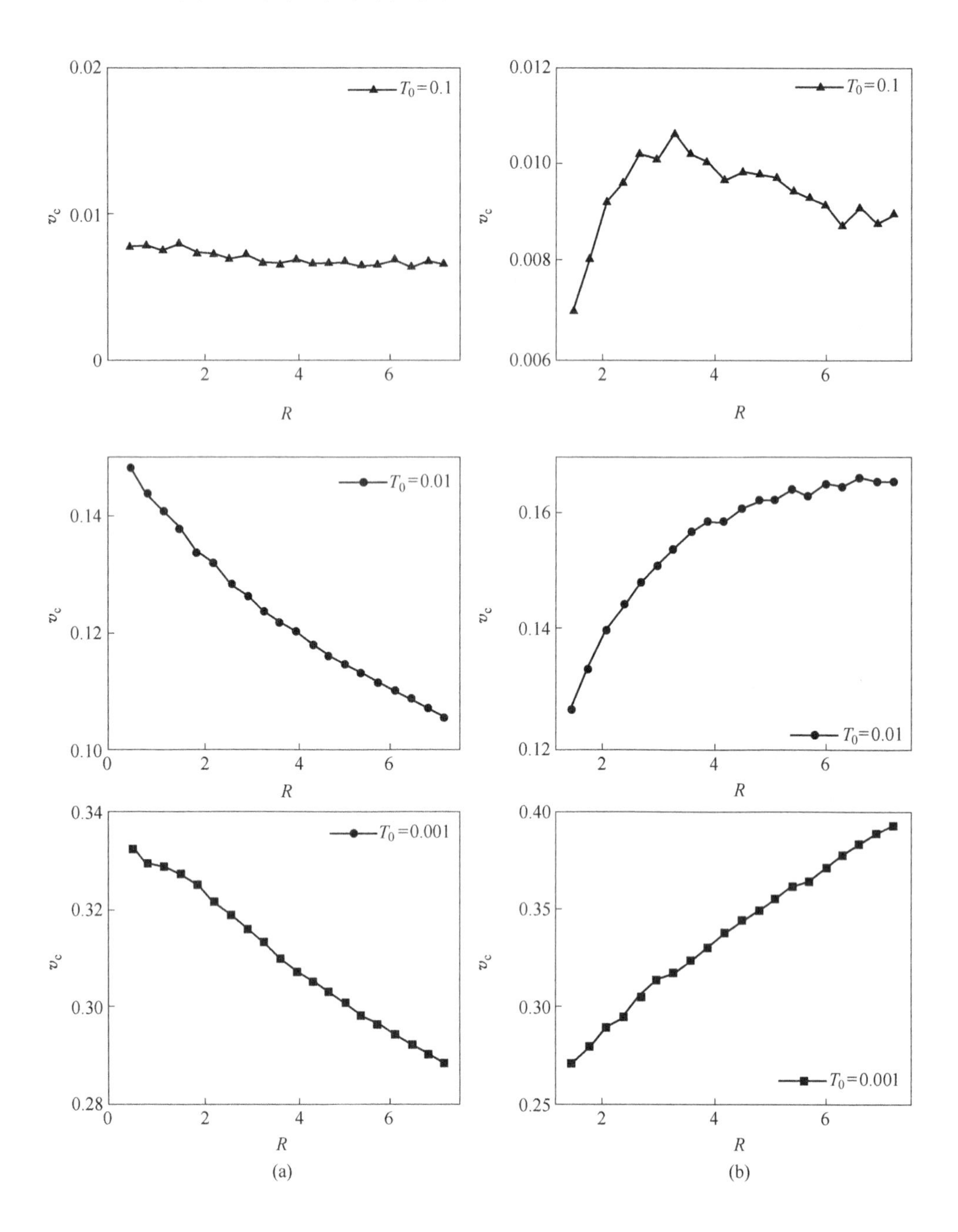

图 2.15　在不同下通道壁温度 T_0 下，平均速度 v_c 随圆环半径 R 的变化

（其他参数为 $v_0=2.0$，$\Omega=0.01$ 及 $\Delta T=20.0$）

（a）$n=1$；（b）$n=4$

图 2.16 显示了在不同温度差 ΔT 下，平均速度 v_c 随圆环半径 R 的变化。当 $n=1$ 时，v_c 随圆环半径 R 的增大而减小；当 $n=4$ 时，v_c 随圆环半径 R 的增大而增大。这是因为当 $n=1$ 时，粒子与圆环的相互作用占主导地位，因而 v_c 随圆环半径 R 的增大而减小。当 $n=4$ 时，手征活性粒子间的相互作用起决定性作用，圆环半径越大，粒子间相互作用促进圆环的速度，所以 v_c 随圆环半径 R 的增大而增大。温度差 ΔT 越大，通道空间的不对称性越强，圆环速度越大。这一结果与图 2.13 一致。

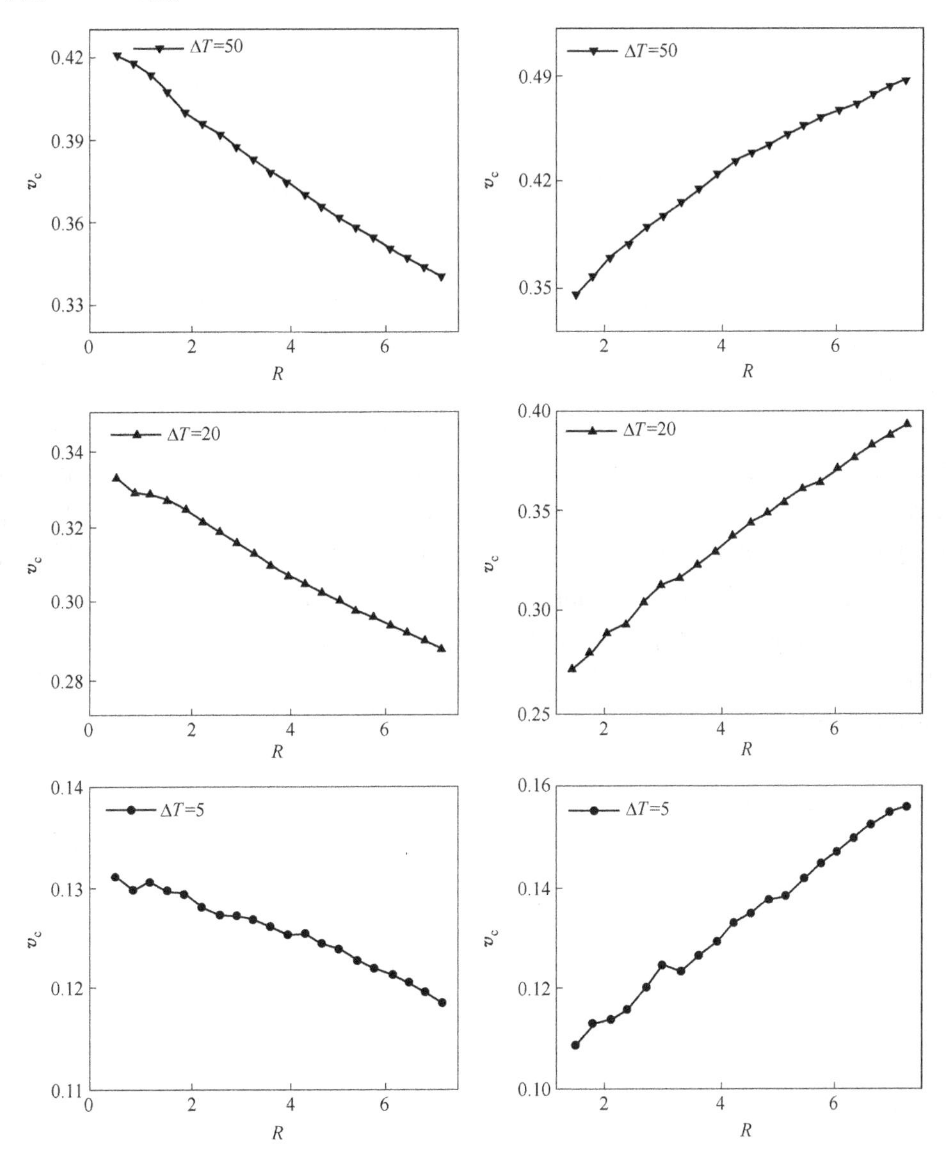

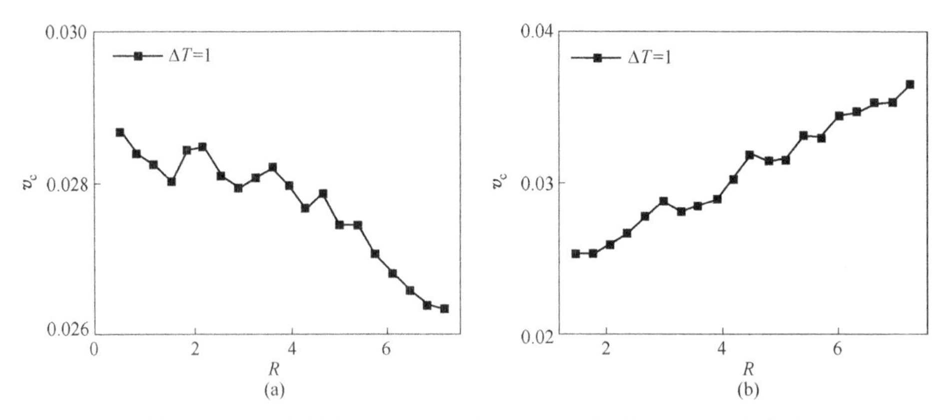

图 2.16　在不同温度差 ΔT 下，平均速度 v_c 随圆环半径 R 的变化

（其他参数为 $v_0=2.0$，$T_0=0.001$ 及 $\Omega=0.01$）

（a）$n=1$；（b）$n=4$

图 2.17 描绘了在不同自驱动速度 v_0 下，平均速度 v_c 随圆环半径 R 的变化。由图可知，当 $n=1$ 且 v_0 较小时，v_c 是圆环半径 R 峰值函数，峰值的位置随 v_0 增大而往 R 减小方向移动，这是因为 v_0 较小时，粒子运动轨迹半径 v_0/Ω 较小，随 R 增大，粒子与圆环的相互作用增大了粒子沿上半部分和下半部分的轨迹差异性，所以圆环速度增大；当 R 继续增大，粒子与圆环的相互作用减弱，对粒子沿上半部分和下半部分的轨迹差异性影响越来越小，因而圆环速度减小；由于 v_0 的增加致使粒子运动轨迹半径增大，粒子沿上半部分和下半部分的轨迹差异性增大，从而促进圆环运动，所以峰值位置随 v_0 增大而往 R 减小方向移动。当 $n=1$ 且 v_0 较大时，v_c 随圆环半径 R 的增大而减小，这是由于 v_0 较大，对圆环运动起决定性作用。当 $n=4$ 时，粒子间相互作用占主导地位，促进圆环速度，因而 v_c 随圆环半径 R 的增大而增大。

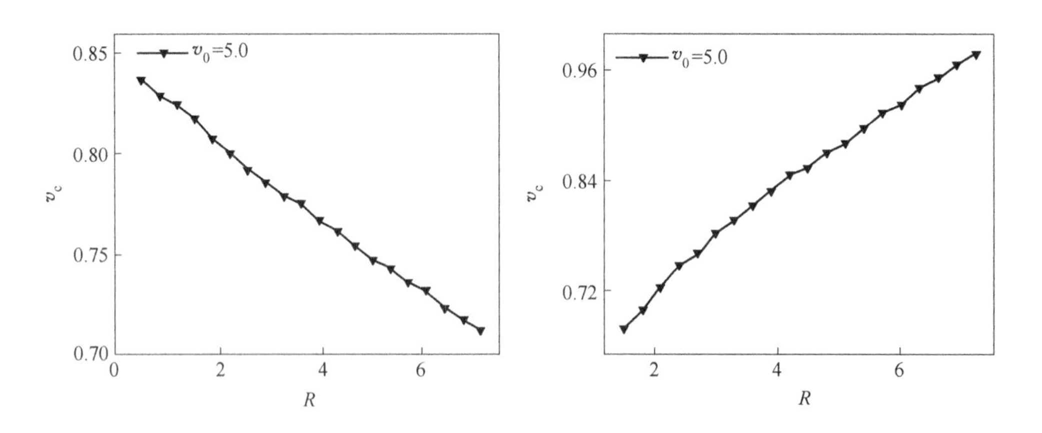

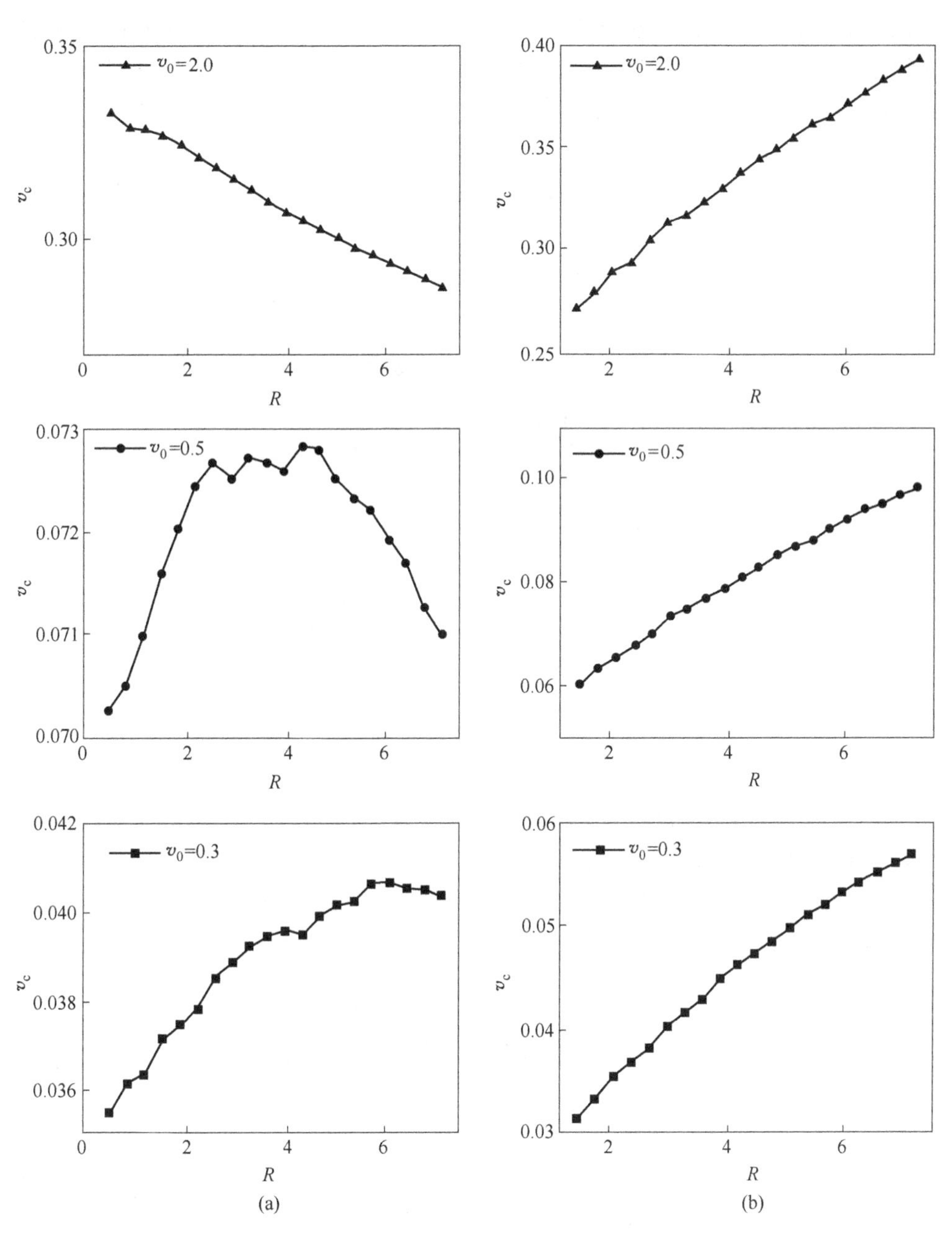

图 2.17 在不同自驱动速度 v_0 下，平均速度 v_c 随圆环半径 R 的变化

（其他参数为 $T_0=0.001$，$\Omega=0.01$ 及 $\Delta T=20.0$）

（a）$n=1$；（b）$n=4$

图 2.18 显示了在不同手征活性粒子数 n 下，平均速度 v_c 随圆环半径 R 的

变化。结果表明，当圆环包含 1 个粒子时，粒子与圆环的相互作用对圆环速度起促进作用，且随圆环半径的增大而减小，因而 v_c 减小。而当圆环包含多个粒子时，粒子间的相互作用起主导作用，圆环半径越大，圆环速度越大。特别地，当 $R<5.3$ 时，圆环的限制作用较强，粒子数越多，圆环速度越小；而当 $R>5.3$ 时，圆环的限制作用减弱，粒子数越多，粒子间相互作用促进圆环速度，因而 v_c 越大。

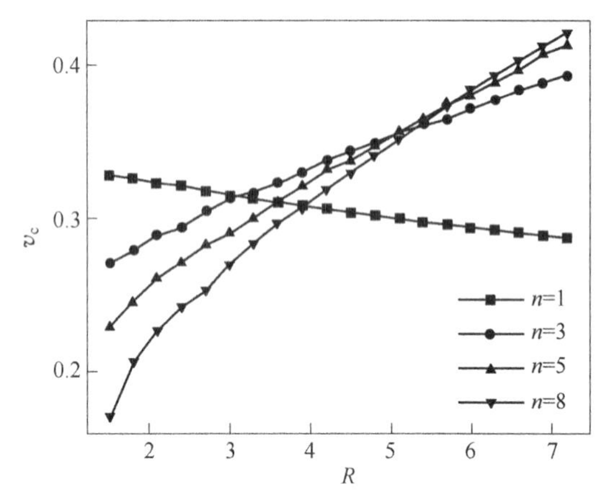

图 2.18　在不同手征活性粒子数 n 下，平均速度 v_c 随圆环半径 R 的变化

（其他参数为 $T_0=0.001$，$\Omega=0.01$ 及 $\Delta T=20.0$）

图 2.19 描绘了平均速度 v_c 随自驱动速度 v_0 的变化。v_0 的增加导致两个结果：（1）加速粒子运动，从而促进圆环定向运动；（2）增大粒子圆周运动的轨迹半径（v_0/Ω），使粒子沿上通道和下通道的轨迹差异性增大，促进圆环定向运动。因此，v_0 总是促进圆环速度的增大。

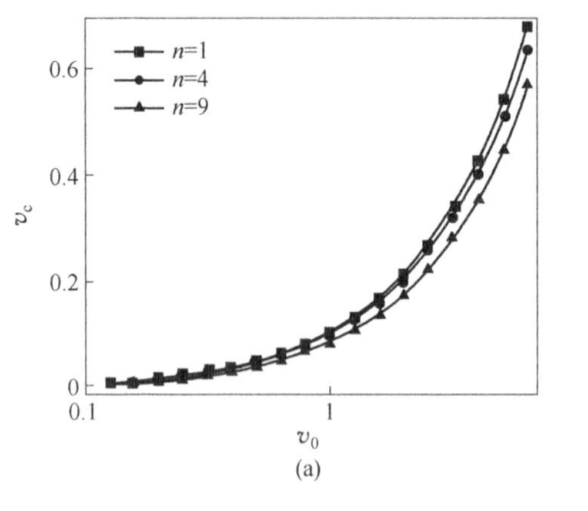

(a)

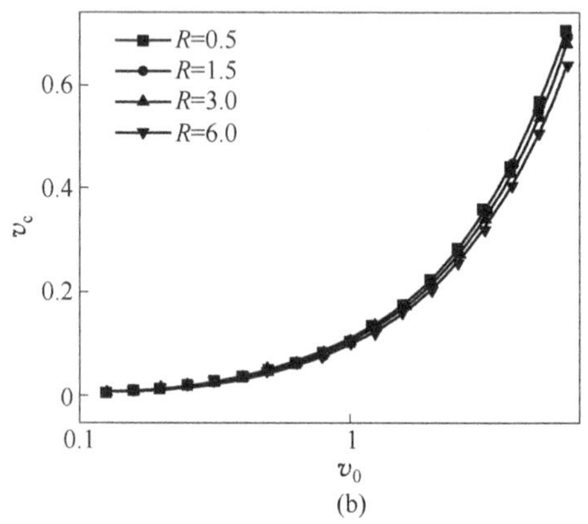

(b)

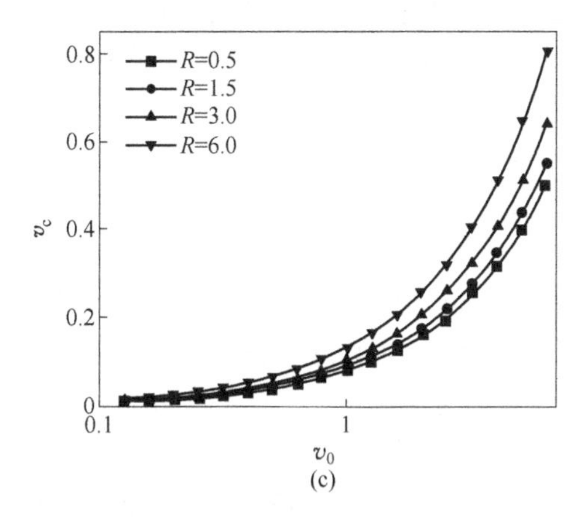

图 2.19 平均速度 v_c 随自驱动速度 v_0 的变化

（其他参数为 $\Delta T=10.0$，$T_0=0.001$ 及 $\Omega=0.01$）

（a）在不同手征活性粒子数 n 下，$R=3.0$；（b）在不同圆环半径 R 下，$n=1$；

（c）在不同圆环半径 R 下，$n=4$

图 2.20 显示了在不同圆环半径 R 下，平均速度 v_c 随手征活性粒子数 n 的变化。当圆环半径较小（$R=3.0$）时，v_c 随粒子数的增多而减小。此时，圆环与粒子间的相互作用即圆环的限制作用起主导地位，当粒子数增多时，粒子间相互作用增强，圆环的限制作用增强，从而抑制圆环的运动速度，因此 v_c 随粒子数的增多而减小。当圆环半径较大（$R=5.0$ 及 7.0）时，v_c 为粒子个数的峰值函数。v_c 先随 n 的增大而增大，继而达到最大值，再随 n 的增大而减小。可以做如下解释：当粒子数较少时，粒子间的相互作用促进了圆环的运动，所以当粒子个

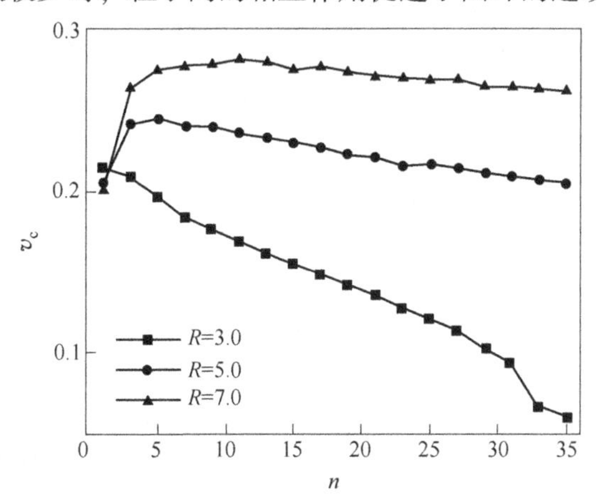

图 2.20 在不同圆环半径 R 下，平均速度 v_c 随手征活性粒子数 n 的变化

（其他参数为 $T_0=0.001$，$\Omega=0.01$ 及 $\Delta T=10.0$）

数增多时，圆环的速度增大；当粒子数较多时，粒子间相互作用增强，圆环的限制作用增强，从而减弱了圆环速度。当粒子个数充满整个圆环时，粒子很挤导致无法运动，因而圆环速度 $v_c \to 0$。特别地，当圆环半径很大（$R=7.0$）时，粒子间相互作用相比圆环半径较小时更弱，所以圆环速度随粒子个数缓慢降低。此外，我们注意到，$n=1$ 时，圆环半径越大，v_c 越小，而 $n>1$ 时，圆环半径越大，v_c 越大。这一结果与前面结果保持一致。

最后来讨论实现该模型可能的实验装置。在温差条件下考虑枯草芽孢杆菌（直径为 1μm）限制在一个由细菌边界层构成的封闭圆环中，该圆环被枯草芽孢杆菌驱动在周期性的二维通道中运动。通道周期 $L_x=30.0\mu m$，通道宽度 $L_y=15.0\mu m$。因为通道空间存在温度差，手征活性粒子可以驱动圆环在纵向上定向运动。圆环的运动状态可以由数字高分辨率显微摄像机捕获，并由此计算平均速度。

2.4　本章小结

本章数值计算了二维通道下手征活性粒子驱动障碍物的输运[57]。首先，研究发现了 V 形障碍物可以被手征活性粒子驱动沿通道底端定向运动。当障碍物固定时，由于 V 形障碍物位置导致的上下不对称和手征活性粒子内部可以打破热平衡的手征性质导致活性粒子定向运动。手征性决定了活性粒子的运动方向。通过选择合适的系统参数，活性粒子的输运效率可以达到最大值。当 V 形障碍物可以在通道底端移动时，来自于手征活性粒子的非平衡驱动使障碍物沿 x 方向定向运动。障碍物的运动方向由活性粒子的手征性决定。障碍物与活性粒子的运动方向相反。比较障碍物固定和可移动两种情况，活性粒子的整流效率在障碍物移动时远小于其在障碍物固定时的整流效率。障碍物与活性粒子的速度比取决于活性粒子数。当系统参数取最优值时，障碍物的平均速度可以达到最大值。特别地，当改变 n_p、α、和 ϕ 时，障碍物固定时与可移动时，活性粒子的输运行为明显不同。换句话说，我们可以通过修正障碍物的几何结构以及改变粒子数密度来控制障碍物的输运。其次，研究发现在温差条件下，包含手征活性粒子的封闭圆环会产生定向运动。圆环的运动方向由粒子的手征性决定。研究表明，圆环的运动平均速度 v_c 是活性粒子的角速度 Ω、下壁温度 T_0 及温度差 ΔT 的峰值函数。圆环包含一个手征活性粒子与包含多个手征活性粒子的定向运动行为具有较大差异。特别地，圆环半径 R 对两种情况下圆环的运动行为差异影响较大。当封闭圆环只包含一个粒子时，粒子与圆环的相互作用对圆环定向运动起促进作用，圆环速度 v_c 随圆环半径 R 增大而减小；当封闭圆环包含多个粒子时，粒子间的相互作用起主导作用，圆环半径越大，圆环对粒子的限制作用越弱，圆环速度越大。本章的研究结果可以应用于通过细菌或人工微米粒子来驱动障碍物或马达运动，如混合微设备工程、药物输运、微流体及芯片技术。

参考文献

[1] Marchetti M C, Joanny J F, Ramaswamy S, et al. Hydrodynamics of soft active matter [J]. Reviews of Modern Physics, 2013, 85 (3): 1143-1189.

[2] Elgeti J, Winkler R G, Gompper G. Physics of microswimmers——Single particle motion and collective behavior: A review [J]. Reports on Progress in Physics, 2015, 78 (5): 056601.

[3] Bechinger C, Di Leonardo R, Löwen H, et al. Active particles in complex and crowded environments [J]. Reviews of Modern Physics, 2016, 88 (4): 045006.

[4] Ramaswamy S. The mechanics and statistics of active matter [J]. Annual Review of Condensed Matter Physics, 2010, 1 (1): 323-345.

[5] Howse J R, Jones R A L, Ryan A J, et al. Self-motile colloidal particles: From directed propulsion to random walk [J]. Physical Review Letters, 2007, 99 (4): 048102.

[6] van Teeffelen S, Löwen H. Dynamics of a Brownian circle swimmer [J]. Physical Review E, 2008, 78 (2): 020101.

[7] Golestanian R. Anomalous diffusion of symmetric and asymmetric active colloids [J]. Physical Review Letters, 2009, 102 (18): 188305.

[8] Liebchen B, Levis D. Collective behavior of chiral active matter: Pattern formation and enhanced flocking [J]. Physical Review Letters, 2017, 119 (5): 058002.

[9] Vicsek T, Czirók A, Ben-Jacob E, et al. Novel type of phase transition in a system of self-driven particles [J]. Physical Review Letters, 1995, 75 (6): 1226-1229.

[10] Levis D, Liebchen B. Micro-flock patterns and macro-clusters in chiral active Brownian disks [J]. Journal of Physics: Condensed Matter, 2018, 30 (8): 084001.

[11] Potiguar F Q, Farias G A, Ferreira W P. Self-propelled particle transport in regular arrays of rigid asymmetric obstacles [J]. Physical Review E, 2014, 90 (1): 012307.

[12] Galajda P, Keymer J, Chaikin P, et al. A wall of funnels concentrates swimming bacteria [J]. Journal of Bacteriology, 2007, 189 (23): 8704-8707.

[13] Kaiser A, Wensink H H, Löwen H. How to capture active particles [J]. Physical Review Letters, 2012, 108 (26): 268307.

[14] Kaiser A, Popowa K, Wensink H H, et al. Capturing self-propelled particles in a moving microwedge [J]. Physical Review E, 2013, 88 (2): 022311.

[15] Kaiser A, Peshkov A, Sokolov A, et al. Transport powered by bacterial turbulence [J]. Physical Review Letters, 2014, 112 (15): 158101.

[16] Di Leonardo R, Angelani L, Dell'Arciprete D, et al. Bacterial ratchet motors [J]. Proceedings of the National Academy of Sciences, 2010, 107 (21): 9541-9545.

[17] Wan M B, Reichhardt C J O, Nussinov Z, et al. Rectification of swimming bacteria and self-driven particle systems by arrays of asymmetric barriers [J]. Physical Review Letters, 2008, 101 (1): 018102.

[18] Ghosh P K, Li Y, Marchesoni F, et al. Pseudochemotactic drifts of artificial microswimmers

[J]. Physical Review E, 2015, 92 (1): 012114.

[19] Angelani L, Di Leonardo R, Ruocco G. Self-starting micromotors in a bacterial bath [J]. Physical Review Letters, 2009, 102 (4): 048104.

[20] Pototsky A, Hahn A M, Stark H. Rectification of self-propelled particles by symmetric barriers [J]. Physical Review E, 2013, 87 (4): 042124.

[21] Ghosh P K, Misko V R, Marchesoni F, et al. Self-propelled Janus particles in a ratchet: Numerical simulations [J]. Physical Review Letters, 2013, 110 (26): 268301.

[22] Koumakis N, Maggi C, Di Leonardo R. Directed transport of active particles over asymmetric energy barriers [J]. Soft Matter, 2014, 10 (31): 5695-5701.

[23] Rusconi R, Guasto J S, Stocker R. Bacterial transport suppressed by fluid shear [J]. Nature Physics, 2014, 10 (3): 212-217.

[24] Buttinoni I, Bialké J, Kümmel F, et al. Dynamical clustering and phase separation in suspensions of self-propelled colloidal particles [J]. Physical Review Letters, 2013, 110 (23): 238301.

[25] Schwarz-Linek J, Valeriani C, Cacciuto A, et al. Phase separation and rotor self-assembly in active particle suspensions [J]. Proceedings of the National Academy of Sciences, 2012, 109 (11): 4052-4057.

[26] Stenhammar J, Marenduzzo D, Allen R J, et al. Phase behaviour of active Brownian particles: The role of dimensionality [J]. Soft Matter, 2014, 10 (10): 1489-1499.

[27] Fily Y, Marchetti M C. Athermal phase separation of self-propelled particles with no alignment [J]. Physical Review Letters, 2012, 108 (23): 235702.

[28] Stenhammar J, Wittkowski R, Marenduzzo D, et al. Activity-induced phase sep-aration and self-assembly in mixtures of active and passive particles [J]. Physical Review Letters, 2015, 114 (1): 018301.

[29] Nepusz T, Vicsek T. Controlling edge dynamics in complex networks [J]. Nature Physics, 2012, 8 (7): 568-573.

[30] Ai B, He Y, Zhong W. Chirality separation of mixed chiral microswimmers in a periodic channel [J]. Soft Matter, 2015, 11 (19): 3852-3859.

[31] Ai B. Ratchet transport powered by chiral active particles [J]. Scientific Reports, 2016, 6 (1): 1-7.

[32] Ten Hagen B, Kümmel F, Wittkowski R, et al. Gravitaxis of asymmetric self-propelled colloidal particles [J]. Nature Communications, 2014, 5: 4829.

[33] Nguyen N H P, Klotsa D, Engel M, et al. Emergent collective phenomena in a mixture of hard shapes through active rotation [J]. Physical Review Letters, 2014, 112 (7): 075701.

[34] Enculescu M, Stark H. Active colloidal suspensions exhibit polar order under gravity [J]. Physical Review Letters, 2011, 107 (5): 058301.

[35] Guidobaldi A, Jeyaram Y, Berdakin I, et al. Geometrical guidance and trapping transition of human sperm cells [J]. Physical Review E, 2014, 89 (3): 032720.

[36] Tjhung E, Cates M E, Marenduzzo D. Contractile and chiral activities codetermine the helicity of swimming droplet trajectories [J]. Proceedings of the National Acade-my of Sciences, 2017, 114 (18): 4631-4636.

[37] Leoni M, Liverpool T B. Synchronization and liquid crystalline order in soft active fluids [J]. Physical Review Letters, 2014, 112 (14): 148104.

[38] Fürthauer S, Strempel M, Grill S W, et al. Active chiral fluids [J]. The European physicaljournal E, 2012, 35 (9): 1-13.

[39] Lushi E, Wioland H, Goldstein R E. Fluid flows created by swimming bacteria drive self-organization in confined suspensions [J]. Proceedings of the National Academy of Sciences, 2014, 111 (27): 9733-9738.

[40] Friedrich B M, Jülicher F. Chemotaxis of sperm cells [J]. Proceedings of the National Academy of Sciences, 2007, 104 (33): 13256-13261.

[41] DiLuzio W R, Turner L, Mayer M, et al. Escherichia coli swim on the right-hand side [J]. Nature, 2005, 435 (7046): 1271-1274.

[42] Di Leonardo R, Dell' Arciprete D, Angelani L, et al. Swimming with an image [J]. Physical Review Letters, 2011, 106 (3): 038101.

[43] Shenoy V B, Tambe D T, Prasad A, et al. A kinematic description of the trajectories of Listeria monocytogenes propelled by actin comet tails [J]. Proceedings of the National Academy of Sciences, 2007, 104 (20): 8229-8234.

[44] Reichhardt C, Reichhardt C J O. Dynamics and separation of circularly moving particles in asymmetrically patterned arrays [J]. Physical Review E, 2013, 88 (4): 042306.

[45] Reichhardt C, Reichhardt C J O. Active matter ratchets with an external drift [J]. Physical Review E, 2013, 88 (6): 062310.

[46] McDermott D, Reichhardt C J O, Reichhardt C. Collective ratchet effects and reversals for active matter particles on quasi-one-dimensional asymmetric substrates [J]. Soft Matter, 2016, 12 (41): 8606-8615.

[47] Reichhardt C J O, Reichhardt C. Ratchet effects in active matter systems [J]. Annual Review of Condensed Matter Physics, 2017, 8: 51-75.

[48] Angelani L, Di Leonardo R. Geometrically biased random walks in bacteria-driven micro-shuttles [J]. New Journal of Physics, 2010, 12 (11): 113017.

[49] Mallory S A, Valeriani C, Cacciuto A. Curvature-induced activation of a passive tracer in an active bath [J]. Physical Review E, 2014, 90 (3): 032309.

[50] Smallenburg F, Löwen H. Swim pressure on walls with curves and corners [J]. Physical Review E, 2015, 92 (3): 032304.

[51] Marconi U M B, Sarracino A, Maggi C, et al. Self-propulsion against a moving membrane: Enhanced accumulation and drag force [J]. Physical Review E, 2017, 96 (3): 032601.

[52] Hu C, Ou Y, Wu J, et al. Transport of anisotropic chiral particles in a confined structure [J]. Journal of Statistical Mechanics: Theory and Experiment, 2016, 2016 (3): 033207.

[53] Wu J, Chen Q, Ai B. Longitudinal rectification of chiral self-propelled particles induced by the transver salasymmetry [J]. Journal of Statistical Mechanics: Theoryand Experiment, 2015, 2015 (7): P07005.

[54] Denisov S, Hänggi P, Mateos J L. AC-driven Brownian motors: A Fokker-Planck treatment

[J]. American Journal of Physics, 2009, 77 (7): 602-606.
[55] Sokolov A, Apodaca M M, Grzybowski B A, et al. Swimming bacteria power microscopic gears [J]. Proceedings of the National Academy of Sciences, 2010, 107 (3): 969-974.
[56] Gachelin J, Mino G, Berthet H, et al. Non-Newtonian viscosity of Escherichia colisuspensions [J]. Physical Review Letters, 2013, 110 (26): 268103.
[57] Liao J J, Huang X Q, Ai B Q. Transport of the moving barrier driven by chiral active particles [J]. The Journal of Chemical Physics, 2018, 148 (9): 094902.

3　顺磁性椭球粒子在旋转磁场下的输运和扩散

3.1　概述

最近在周期结构中布朗粒子的输运和扩散在生物、化学和物理领域引起了极大关注[1-11]。与被动胶体不同的是，自驱动布朗粒子可以通过内部机制产生一种力来推动它们前进，这种机制可能是基于光刺激（热刺激）或浓度梯度(扩散)[12]。当胶体粒子使用（或涂覆）磁性材料时，它们会受到外场作用而表现出新奇的动力学行为，这在基础和技术应用方面都引起极大兴趣[13-25]。例如，活性磁性粒子在旋转磁场作用下做旋转运动[14]；外加磁场作用下趋磁性细菌的累积和汇聚[15,16]；磁场耦合布朗粒子的提取[17]；磁矩复合材料的制备和驱动[18]；磁矩生物材料的控制和探测[18]及其他有趣的输运和扩散现象[19-25]。

尽管如此，在自然界中存在很少的粒子具有完美的球对称性。对比于各向同性粒子，各向异性磁性粒子能够在某一特定方向诱发或者自发磁化，使其易于通过外场控制粒子旋转。该种粒子在理论[26-30]和实验[31-38]研究中引起极大关注。Martin[26]理论研究了涡旋磁场能诱发磁性粒子强混合。Marino 等人[27]研究发现胶体粒子在过阻尼极限中的旋转布朗运动对“反常”熵产生了额外的贡献。Güell 等人[28]分析了在考虑热噪声的情况下，由旋转磁场扭转的顺磁性被动粒子的扩散特性。Fan 等人[29]通过寻找近似解析表达式，研究了椭球自驱动粒子在磁场、自推进和粒子形状作用下的扩散。Matsunaga 等人[30]利用远场流体动力学理论和模拟研究发现了通过尺寸和形状来聚焦和分离磁性粒子。Liu 等人[31]利用周期性开关磁场和非对称锯齿通道侧壁，分离出尺寸差约为 130nm 的超顺磁性粒子。Gao 等人[32]研究发现了磁性驱动纳米粒子可以成为将靶向特异性药物送到指定位置的新方法。Hamilton 等人[33]演示了一种新型自动铁磁粒子装置的实验验证，该装置完全由振荡磁场驱动和控制。

本章的工作是受到先前研究的其中一个外加旋转磁场作用下的顺磁椭球粒子实验的启发[37]。实验者发现通过改变外加场的频率或强度，可以控制椭球粒子的椭球平均旋转频率和取向角[38]。在与本章工作有关的其他研究中，尚未考虑各向异性磁性粒子在外场作用下如何在不对称通道中整流和扩散。本章考虑顺磁性椭球粒子受到外加磁场作用下在二维不对称通道中的运动，同时数值分析了顺磁性椭球粒子的输运和扩散。重点研究外加磁场如何影响输运和扩散，比较活性粒子和被动粒子两种情况的输运和扩散。研究发现顺磁性椭球粒子在外加旋转磁场作用下能在上下不对称通道中定向运动，也发现顺磁性椭球粒子在外加旋转磁场作用下能在上下不对称通道中定向运动。因此可以通过调节外加旋转磁场的振幅和频率来控制具有不同形状，自驱动速度或者扩散系数的粒子往相反方向运动，从而达到分离目的。

3.2　模型和方法

受顺磁性椭球粒子实验[37,38]启发，考虑半长轴为 a 且优先磁化，半短轴为 b 的无相互作用的顺磁性椭球粒子。粒子在二维不对称通道中运动，且受到角频率为 ω_{H}，振幅强度为 H_0 的外加磁场 $\boldsymbol{H}(t)=H_0[\cos(\omega_{\mathrm{H}}t),\ \sin(\omega_{\mathrm{H}}t)]$ 的作用（见图 3.1）。在时间 t 的粒子可以由位置矢量 $\boldsymbol{R}(t)$ 来描述，在自身坐标轴下分解为 $(\delta x,\ \delta y)$，在实验室坐标轴下为 $(\delta x,\ \delta y)$。$\theta(t)$ 是两个坐标轴的夹角。沿长轴的自驱动粒子的速度为：

$$\boldsymbol{v}=v_0\boldsymbol{e}(t) \tag{3.1}$$

式中，$\boldsymbol{e}(t)=[\cos\theta(t),\ \sin\theta(t)]$ 是粒子中心的初始运动方向上的瞬时单位矢量；v_0 为自驱动速度的振幅。

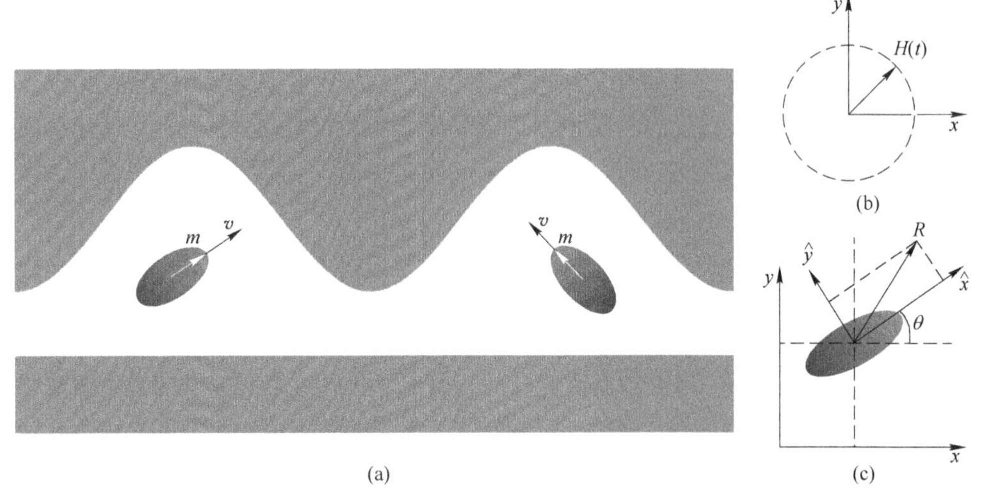

图 3.1　系统说明图

（θ 是两个坐标轴夹角；$\boldsymbol{R}$ 是粒子位置矢量）

(a) 磁矩为 $\boldsymbol{m}$，自驱动速度为 v 的非相互作用顺磁性布朗粒子在二维不对称通道中运动；

(b) 外加旋转磁场 $\boldsymbol{H}(t)=H_0[\cos(\omega_{\mathrm{H}}t),\ \sin(\omega_{\mathrm{H}}t)]$；

(c) 椭球粒子在实验室坐标轴 x-y 和自身坐标轴 $\hat{x}$-$\hat{y}$ 的描绘

为重点研究外磁场的作用，研究时选择稀薄粒子，忽略流体相互作用和粒子相互作用。由于在自身坐标轴下，旋转和平动总是解耦的，因此在低雷诺数环境下顺磁性粒子在自身坐标轴下的动力学可以由郎之万方程描述[39-41]：

$$\frac{\mathrm{d}\hat{x}}{\mathrm{d}t}=\Gamma_x[F_x\cos\theta(t)+F_y\sin\theta(t)+\hat{\xi}_x(t)]+v_0 \tag{3.2}$$

$$\frac{\mathrm{d}\hat{y}}{\mathrm{d}t}=\Gamma_y[F_y\cos\theta(t)-F_x\sin\theta(t)+\hat{\xi}_y(t)] \tag{3.3}$$

$$\frac{\mathrm{d}e(t)}{\mathrm{d}t}=\Omega(t)\times e(t) \tag{3.4}$$

式中，Γ_x 和 Γ_y 分别表示沿长轴和短轴的迁移率；F_x 和 F_y 分别为实验室坐标轴下沿 x 轴和 y 轴的力；$\Omega(t)$ 为胶体粒子的角速度。

方程式（3.4）可以根据扭矩平衡条件简化为：

$$\tau_{\mathrm{m}}+\tau_{\mathrm{H}}=\frac{\hat{\xi}_\theta(t)}{\Gamma_\theta} \tag{3.5}$$

式中，Γ_θ 为旋转迁移率；$\tau_{\mathrm{H}}=-\frac{\Omega(t)}{\Gamma_\theta}$ 表示流体动力扭矩；$\tau_{\mathrm{m}}=\mu_0\boldsymbol{m}\times\boldsymbol{H}$ 是磁扭矩（μ_0 是磁化率），磁矩 $\boldsymbol{m}=V\underline{\chi}H$，其中 $V=\frac{4\pi}{3}ab^2$，$\underline{\chi}$ 是椭圆磁化率的二阶张量，对于有优先磁化方向的情况来说，磁化率张量可以表示为 $\underline{\chi}=\chi_\perp\boldsymbol{I}+\Delta\chi\boldsymbol{ee}$，其中 $\Delta\chi=\chi_{/\!/}-\chi_\perp$，$\chi_{/\!/}$（$\chi_\perp$）是平行（垂直）于 $\boldsymbol{e}$ 的磁化系数。

方程式（3.4）最终简化为：

$$\frac{\mathrm{d}\theta(t)}{\mathrm{d}t}=\frac{\mu_0V\Delta\chi H_0^2\Gamma_\theta}{2}\sin[2(\omega_{\mathrm{H}}t-\theta(t))]+\Gamma_\theta\hat{\xi}_\theta(t) \tag{3.6}$$

注意到噪声 $\hat{\xi}_i(t)$ 满足：

$$\langle\hat{\xi}_i(t)\hat{\xi}_j(t')\rangle=\frac{2k_{\mathrm{B}}T}{\Gamma_i}\delta_{i,j}\delta(t-t'),\ i,\ j=x,\ y,\ \theta \tag{3.7}$$

式中，T 为温度；k_{B} 为玻尔兹曼常数。

现在要得到实验室坐标轴下的方程。为方便，我们通过旋转矩阵将自身坐标轴方程转化为实验室坐标轴方程：

$$R(\theta(t))\equiv\begin{bmatrix}\cos\theta(t) & -\sin\theta(t)\\ \sin\theta(t) & \cos\theta(t)\end{bmatrix} \tag{3.8}$$

最终得到实验室坐标轴下描述粒子的动力学方程为：

$$\frac{\mathrm{d}x}{\mathrm{d}t}=v_0\cos\theta(t)+F_x[\overline{\Gamma}+\Delta\Gamma\cos2\theta(t)]+\Delta\Gamma F_y\sin2\theta(t)+\xi_x(t) \tag{3.9}$$

$$\frac{dy}{dt} = v_0\sin\theta(t) + F_y[\overline{\Gamma} - \Delta\Gamma\cos2\theta(t)] + \Delta\Gamma F_x\sin2\theta(t) + \xi_y(t) \quad (3.10)$$

$$\frac{d\theta(t)}{dt} = \omega_c\sin2[\omega_H t - \theta(t)] + \xi_\theta(t) \quad (3.11)$$

式中，$\omega_c = \frac{\mu_0 V\Delta\chi H_0^2\Gamma_\theta}{2}$临界频率；$\Gamma = \frac{1}{2}(\Gamma_x + \Gamma_y)$ 和 $\Delta\Gamma = \frac{1}{2}(\Gamma_x - \Gamma_y)$ 分别为粒子的平均迁移率及迁移率差值；$\Delta\Gamma$ 决定了粒子的不对称性，当 $\Delta\Gamma = 0$ 时，粒子是一个完美球体，当 $\Delta\Gamma \to \overline{\Gamma}$ 时，粒子是个完全针状的椭球；$\xi_\theta(t)$ 为高斯随机量[41]。

$$\langle \xi_\theta(t)\xi_\theta(t') \rangle = 2D_\theta\delta(t - t') \quad (3.12)$$

式中，$D_\theta = k_B T\Gamma_\theta$ 是描述非平衡角波动的旋转扩散系数；$\xi_x(t)$ 和 $\xi_y(t)$ 是 $\theta(t)$ 下的高斯随机变量[41]。

$$\langle \xi_i(t)\xi_j(t') \rangle_{\theta(t)} = 2k_B T\Gamma_{ij}\delta(t - t') \quad (3.13)$$

i，$j = x$，y 且

$$\Gamma_{ij}[\theta(t)] = \overline{\Gamma}\delta_{ij} + \Delta\Gamma R[2\theta(t)] \cdot \begin{pmatrix} 1 & 0 \\ 0 & -1 \end{pmatrix} \quad (3.14)$$

式中，Γ_{ij}为迁移率张量。

通常，非线性系统棘齿装置最重要的因素之一是时间或空间不对称，该因素能破坏系统响应的左右不对称[42]。在本章研究的系统中，下边界固定在 $w_l(x) = 0$，上边界为波纹状结构，如图 3.1（a）所示：

$$w_u(x) = c\left[\sin\left(\frac{2\pi x}{L}\right)\right] + d \quad (3.15)$$

式中，c 和 d 为控制上边界形状的参数；L 为通道周期。

系统不对称来自于上下边界造成的通道上下不对称性。虽然上边界的波纹轮廓是左右对称的，但通道是上下不对称的。由于外磁场能导致粒子旋转，因此上下不对称通道能打破左右对称使粒子在 x 方向上定向运动。如果选择简单边界，通道对称，则粒子没有定向运动。

本章利用二阶随机龙格库塔积分方法对实验室坐标轴下的郎之万方程进行动力学模拟。由于粒子在 y 方向被限制，因此只计算 x 方向的平均速度：

$$v_{\theta_0} = \lim_{t\to\infty} \frac{\langle x(t) \rangle_{\theta_0}^{\xi_x, \xi_y}}{t} \quad (3.16)$$

式中，θ_0 为轨迹的初始角度。

对所有 θ_0 取平均后的速度为：

$$v = \frac{1}{2\pi}\int_0^{2\pi} d\theta_0 v_{\theta_0} \quad (3.17)$$

对于活性粒子，还可以定义其平均速度 v_s 为 $v_s = \frac{v}{v_0}$；对于被动粒子，迁移率 μ 定义为 $\mu = \frac{v}{f_0}$，其中 f_0 是沿 x 方向作用于粒子的常力。沿 x 方向的有效扩散系数为

$$D_x = \lim_{t \to \infty} \frac{\langle x^2(t) \rangle - \langle x(t) \rangle^2}{2t} \tag{3.18}$$

为方便，使用有效扩散系数 $D_{\mathrm{eff}} = D_x / D_{\mathrm{free}}$，其中 $D_{\mathrm{free}} = D_0 + v_0^2 / 2D_\theta$。

3.3 结果和讨论

在数值模拟中，积分总时间超过 10^4，积分步长 dt 小于 10^{-3}。模拟结果不取决于时间步长和积分时间，因此具有鲁棒性。除非特别说明，参数设置为 $D_0 = 1.0$，$c = 0.6$，$d = L = 1.0$，$\overline{\Gamma} = 0.02$，$D_\theta = 0.1$，$v_0 = 3.5$ 及 $f_0 = 2.0$。忽略粒子相互作用。从两种情况讨论粒子的输运和扩散：（1）活性粒子的整流和扩散（$v_0 \neq 0$，$f_0 = 0$）；（2）被动粒子的迁移和扩散（$v_0 = 0$，$f_0 \neq 0$）。

3.3.1 活性粒子的整流和扩散

图 3.2 描述了平均速度 v_s 和有效扩散系数 D_{eff} 随活性粒子的各向异性参数 $\Delta\Gamma$ 的变化。当粒子不受磁场作用（$\omega_c = 0$）或者受静态磁场（$\omega_H = 0$，$\omega_c \neq 0$）作用时，如图 3.2（a）所示，v_s 随各向异性参数 $\Delta\Gamma$ 的增加而单调递减。ω_c 越大，v_s 越大。当粒子受到旋转磁场（$\omega_H \neq 0$，$\omega_c \neq 0$）作用时，v_s 则表现出比较复杂的行为。图 3.2（c）描述了平均速度 v_s 在不同 ω_c 和 ω_H 值下，$v_0 = 2.0$ 时随 $\Delta\Gamma$ 的变化。图 3.2（e）展示了 v_s 在不同 v_0 下，$\omega_c = 1.5$ 且 $\omega_H = 2.0$ 时随 $\Delta\Gamma$ 的变化。我们发现在某些值下 v_s 随 $\Delta\Gamma$ 的增加而增加，而在某些值下 v_s 是 $\Delta\Gamma$ 的峰值函数。从方程式（3.9）可知，自驱动速度 v_0 临界频率 ω_c，磁场频率 ω_H 及各向异性参数 $\Delta\Gamma$ 互相竞争。当 $0.75 \leqslant \omega_c / \omega_H \leqslant 1$，$v_0 = 2.0$，$3.5$，且 $\Delta\Gamma$ 取适合值时，v_s 为负值。因此选取合适值 $\Delta\Gamma$ 时，不同 v_0 或者受到不同频率及振幅的磁场作用下的粒子能沿相反方向运动并且分离。尽管如此，当 $\omega_c / \omega_H > 1$ 或 $v_0 < 2.0$ 时，有效扩散系数 D_{eff} 随 $\Delta\Gamma$ 的增加而降低。当粒子不受磁场作用，或受静态磁场，或者受到 $\omega_c / \omega_H \leqslant 1$ 且 $v_0 \geqslant 2.0$ 的旋转磁场时，有效扩散系数是 $\Delta\Gamma$ 的峰值函数，如图 3.2（b）、（d）和（f）所示。

图 3.3 描述了不同磁场频率 ω_H 下，平均速度 v_s 及有效扩散系数 D_{eff} 随临界频率 ω_c 的变化。从文献［29］我们知道，椭球粒子的旋转动力学取决于 $\gamma \equiv \omega_c / \omega_H$。当 $\gamma > 1$ 时，椭球粒子随磁场同步旋转。当 $\gamma < 1$ 时，椭球粒子做前后摇摆

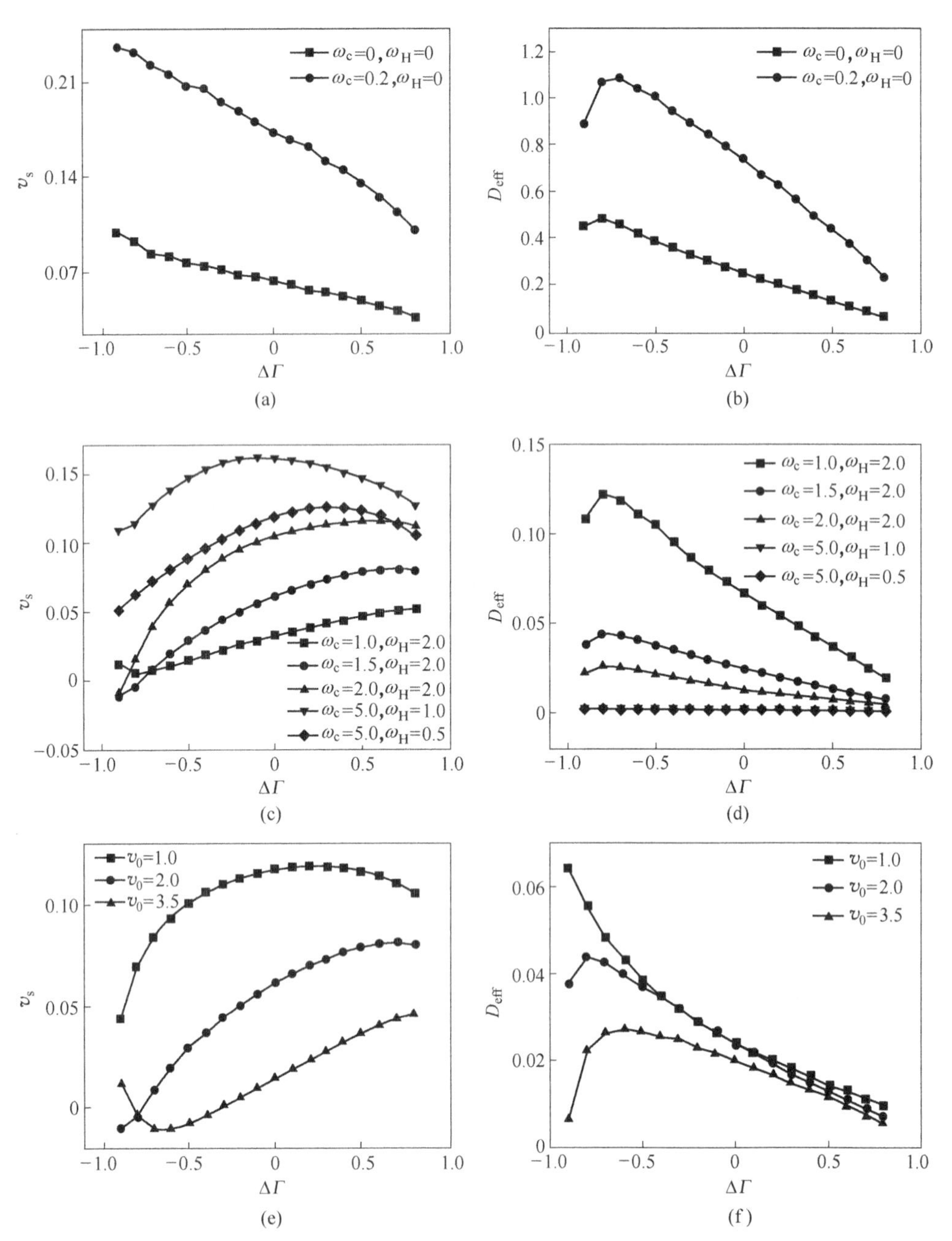

图 3.2 不同 ω_c 及 ω_H 下，在 $v_0=2.0$ 时，活性粒子的平均速度 v_s(a)，(c) 及有效扩散系数 D_{eff}(b)，(d) 随各向异性参数 $\Delta\Gamma$ 的变化以及不同 v_0 下，在 $\omega_c=1.5$ 且 $\omega_H=2.0$ 时，活性粒子的平均速度 v_s(e) 及有效扩散系数 D_{eff}(f) 随各向异性参数 $\Delta\Gamma$ 的变化

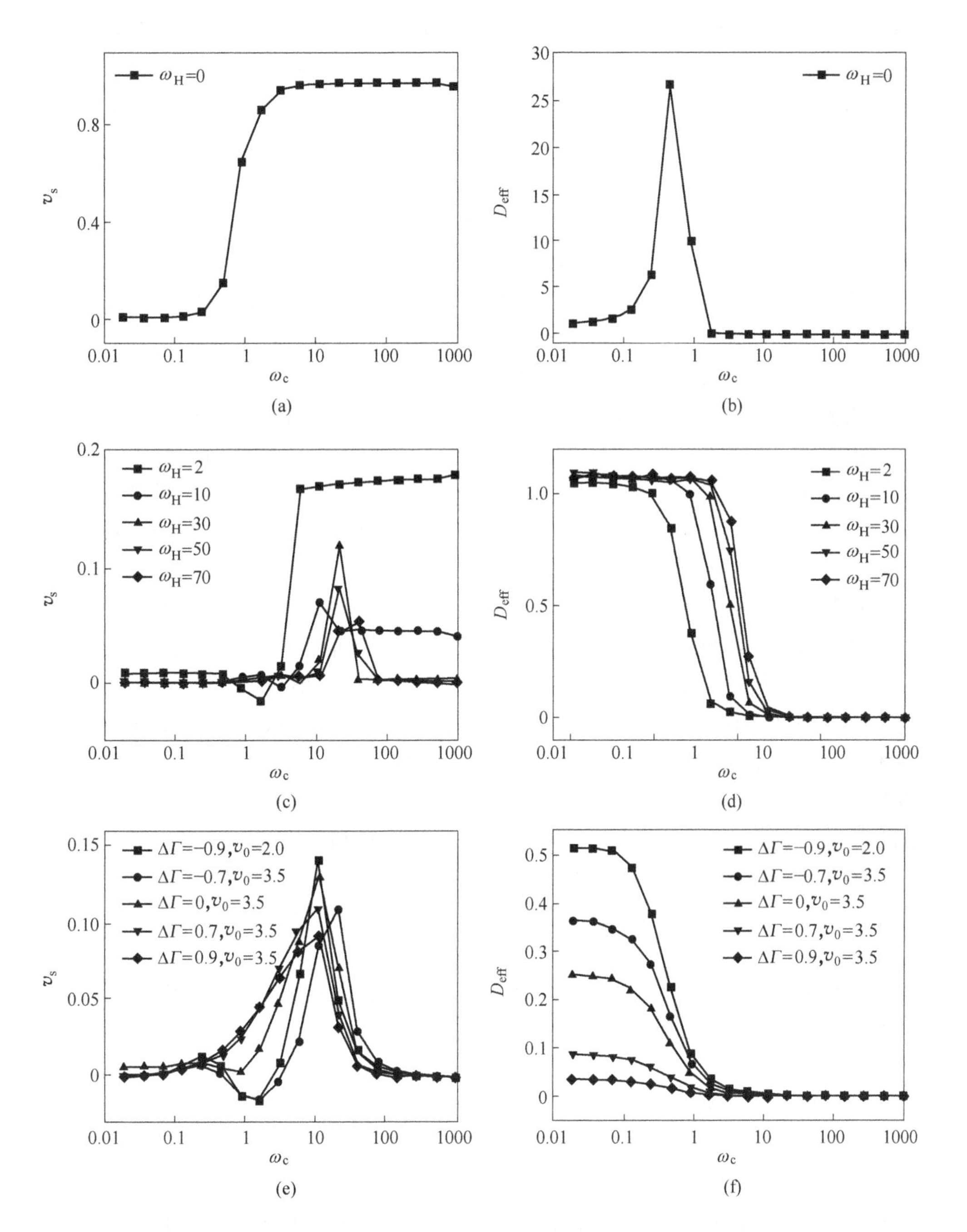

图 3.3 不同磁场频率 ω_H 下，在 $\Delta\Gamma=-0.7$ 时，活性粒子的平均速度 v_s(a)，(c) 及有效扩散系数 D_{eff}(b)，(d) 随临界频率 ω_c 的变化以及不同 $\Delta\Gamma$ 及 v_0 下，在 $\gamma=0.75$ 时，活性粒子的平均速度 v_s(e) 及有效扩散系数 D_{eff}(f) 随临界频率 ω_c 的变化

运动，该运动努力跟随磁场旋转，被称为磁场作用下的异步态。从方程式(3.11)我们看出，自驱动角度 $\theta(t)$ 由临界频率 ω_c，磁场频率 ω_H 及随机噪声决定。当粒子受到静态磁场（$\omega_H=0$）作用时，如图3.3（a）所示，当 $\omega_c\to 0$，没有外加磁场，也就是说棘齿消失，对称性无法破缺，因此，$v_s\to 0$。当 ω_c 增加，与磁场同步的粒子旋转运动增强了平均速度 v_s，因此 v_s 增加，且达到最大值。当粒子受到旋转磁场（$\omega_H\neq 0$）作用时，如图3.3（c）所示，磁场频率 ω_H 和临界频率 ω_c 对输运都起到重要作用。当 ω_c 很小时，即 $\gamma<1$，前后摇摆运动削弱了 v_s，因此 v_s 达到最小值，就是我们在曲线中看到的谷值。当 ω_c 增加到 $\gamma>1$ 时，与磁场同步的旋转运动增强了 v_s，因此 v_s 达到最大值，即曲线中的峰值。当 $\omega_c\to\infty$，自驱动角度改变太快以至于无法感觉到自驱动，因此 $v_s\to 0$。值得注意的是，峰值的位置接近于 $\gamma\geqslant 1$ 的 ω_c 值，且当 ω_H 增加时往 ω_c 增大方向移动。

由图3.3（b）可知，随 ω_c 增加扩散急剧增加。当 ω_c 很小时，粒子被困在势阱中，外场控制扩散。当 ω_c 增大，粒子可以从势阱出来并且迅速扩散，导致 D_{eff} 很大。当 $\omega_c\to\infty$，粒子旋转很快，外场的影响变得可以忽略，粒子又被困在势阱中，因此 $D_{eff}\to 0$。由图3.3（d）可知，有效扩散系数 D_{eff} 随 ω_c 的增大而减小。也就是说，$\gamma<1$ 时的 D_{eff} 大于 $\gamma>1$ 时的 D_{eff}。换句话说，前后摇摆运动增强了扩散系数而与磁场同步的旋转运动抑制了扩散。当取不同磁场频率 ω_H 时，有效扩散系数有相似的行为，只在下降的位置有稍许不同。值得注意的是，当 $\omega_H=0$ 时，平均速度和有效扩散系数要大得多。图3.3（e）和（f）描述了 v_s 和 D_{eff} 在取不同 $\Delta\Gamma$ 且 $\gamma=0.75$ 时随 ω_c 的变化。研究发现，v_s 和 D_{eff} 最大值随 $\Delta\Gamma$ 增大而变化的规律与图3.2（e）和（f）结果一致。特别地，当改变磁场频率 ω_c，且 $\Delta\Gamma$ 为 -0.9 和 -0.7 时会发生流反转，如图3.3（c）和（e）所示。

图3.4（a）描述了平均速度 v_s 在取不同 ω_c 时随磁场频率 ω_H 的变化。与以上结果类似，前后摇摆运动可以增加有效扩散系数，削弱整流，而与磁场同步的旋转运动抑制有效扩散，增强整流。从方程式（3.9）和式（3.11）可以看出，平均速度 v_s 由自驱动速度 v_0、自驱动角度 $\theta(t)$、各向异性参数 $\Delta\Gamma$ 及噪声决定，自驱动角度 $\theta(t)$ 是 ω_H 的周期函数。因此，存在两个 ω_H，使得平均速度达到最大值。当 ω_c 增加时，v_s 的峰值增加，两个峰值间的距离增大。由图3.4（b）可知，有效扩散系数 D_{eff} 随 ω_H 的增加（γ 降低）而增加。也就是说，$\gamma<1$ 时的 D_{eff} 大于 $\gamma>1$ 时的 D_{eff}。当 ω_c 取不同值时，有效扩散系数有相似的行为，只在 D_{eff} 增大的位置上稍有不同。当 $\omega_c=0$ 时，平均速度为零且有效扩散系数为常数。从图3.4（c）和（d）我们发现，随 $\Delta\Gamma$ 增大，v_s 和 D_{eff} 的变化行为与图3.2（e）和（f）结果一致。

图3.5描述了平均速度 v_s 及有效扩散系数 D_{eff} 随自驱动速度 v_0 的变化。当粒子不受磁场作用（$\omega_c=0$）或受到静态磁场（$\omega_H=0$，$\omega_c\neq 0$）时，如图3.5（a）

所示，v_s 随 v_0 的增加而减少。图 3.5（c）显示在取不同 ω_c 及 ω_H，及当 $\Delta\Gamma=-0.6$ 时v_s 是 v_0 的函数。图 3.5（e）显示在取不同 $\Delta\Gamma$ 及当 $\omega_c=1.5$ 且 $\omega_H=2.0$ 时，v_s 随 v_0 的变化。方程式（3.9）中 $v_0\cos\theta(t)$ 项可以看成外驱动力。当 $v_0\to 0$ 时，外驱动力可以忽略，因此 $v_s\to 0$。当 v_0 很大时，外场的影响可以忽略，因此 v_s 减小。所以，当 v_0 取最优值时，v_s 取最大值。特别地，当 $0.75\leqslant\omega_c/\omega_H\leqslant 1$ 且 $\Delta\Gamma=-0.6$，-0.75，-0.9 时，v_s 值为负。因此可以通过改变 v_0 来分离不同形状，受到不同磁场频率和振幅的粒子。由图 3.5（b）、（d）和（f）可知，当 $\Delta\Gamma>0$ 时有效扩散系数 D_{eff}随 v_0 的增加而单调递减，而当 $\Delta\Gamma\leqslant 0$ 时，D_{eff}是 v_0 的峰值函数。图 3.5 中的非单调行为与不同系统的负微分及绝对负迁移率有相似的行为，如驱动晶梧气体模型[43-46]、朗缪尔流驱动粒子[47,48]及活性物质[49]。

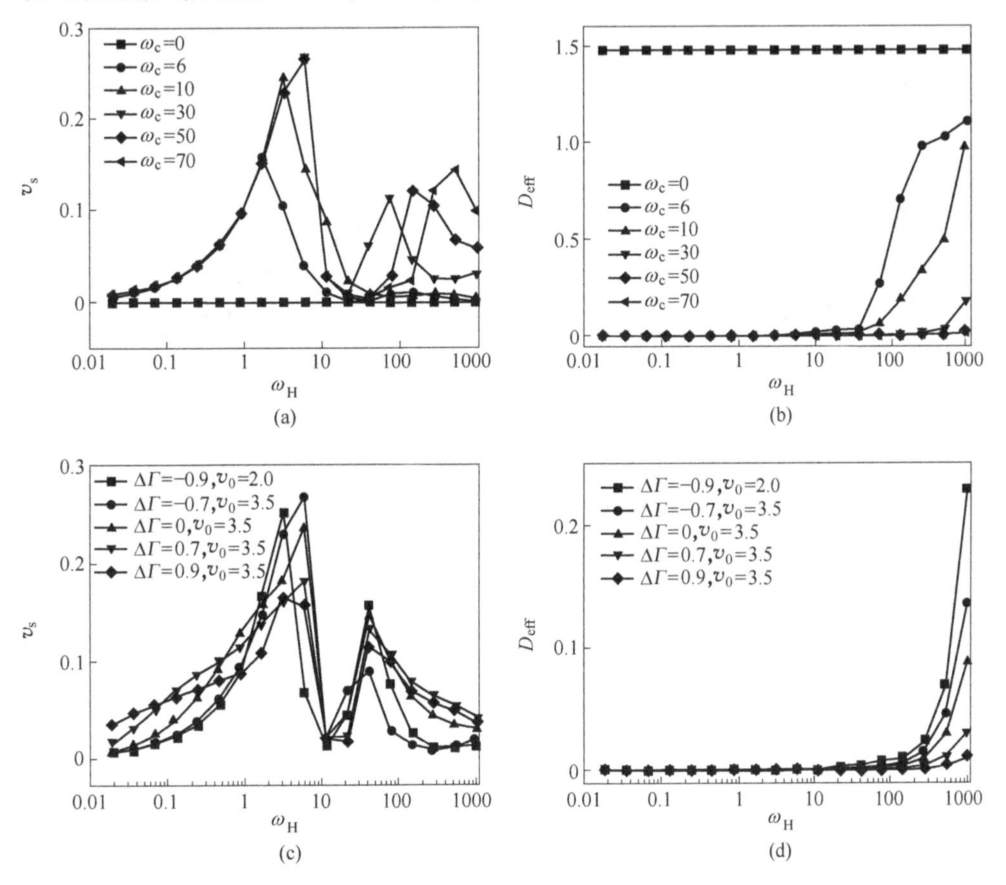

图 3.4 不同临界频率 ω_c 下，在 $\Delta\Gamma=-0.7$ 时，活性粒子的平均速度 v_s(a) 及有效扩散系数 D_{eff}(b) 随磁场频率 ω_H 的变化以及不同 $\Delta\Gamma$ 及 v_0 下，在 $\omega_c=20.0$ 时，活性粒子的平均速度 v_s(c) 及有效扩散系数 D_{eff}(d) 随磁场频率 ω_H 的变化

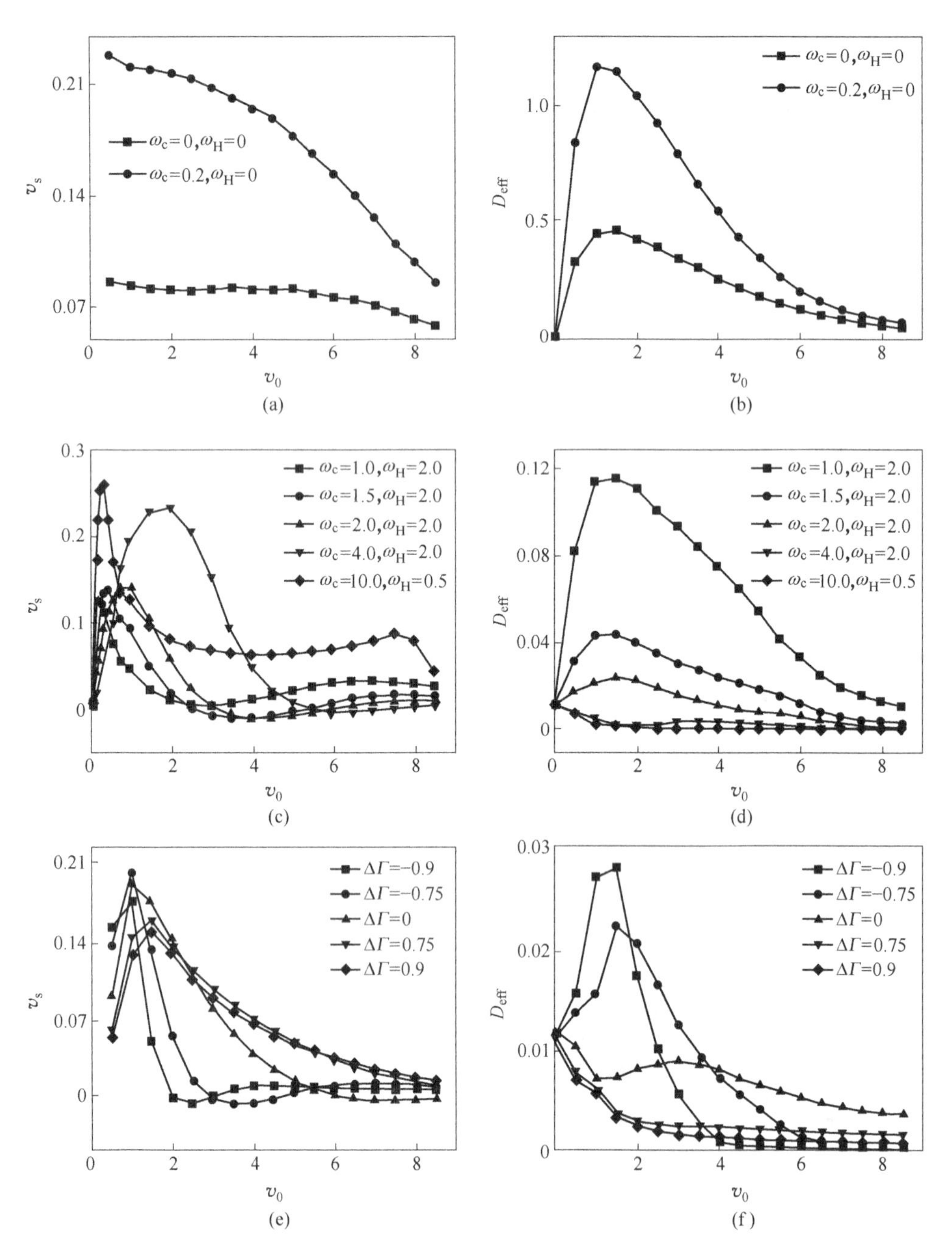

图 3.5　不同 ω_c 及 ω_H 下，在 $\Delta\Gamma=-0.6$ 时，活性粒子的平均速度 v_s(a)，(c) 及有效扩散系数 D_{eff}(b)，(d) 随自驱动速度 v_0 的变化以及不同 $\Delta\Gamma$ 下，在 $\omega_c=1.5$ 且 $\omega_H=2.0$ 时，活性粒子的平均速度 v_s(e) 及有效扩散系数 D_{eff}(f) 随自驱动速度 v_0 的变化

图 3.6 描述了平均速度 v_s 及有效扩散系数 D_{eff} 随扩散系数 D_θ 的变化。由 3.6（a）可知，当粒子不受磁场（$\omega_c=0$）作用时，v_s 随 D_θ 的增加而缓慢减少。在静态磁场（$\omega_H=0$，$\omega_c\neq0$）作用下，曲线是凸的。这种现象我们可以通过引入两个因素：（1）ω_c 增强了整流；（2）D_θ 抑制了整流。在没有外加磁场的情况下，因素（2）对输运起决定性作用。当 $D_\theta\to0$，自驱动角度 θ 几乎无法变化，v_s 接近于最大值。当 $D_\theta\to\infty$，粒子无法感觉到自驱动，被限制在势阱中，因此 $v_s\to0$。当外加静态磁场时，因素（1）对输运起决定性作用，v_s 缓慢减少，最后因素（2）变得越来越重要，v_s 快速减少，因此曲线是凸的。此外，ω_c 越大，v_s 峰值越大。图 3.6（c）描述了当外加旋转磁场时，v_s 随 D_θ 增加而单调递减，最后趋于零。当 $\omega_c=4.0$，$\omega_H=2.0$ 时，v_s 峰值最大。类似于前几个图的结果，当 $\gamma>1$ 时，椭球粒子与磁场同步旋转，而当 $\gamma<1$ 时，椭球粒子做前后摇摆运动。换句话说，与磁场同步旋转运动有利于整流，而前后摇摆运动抑制了整流。越靠近 $\gamma=1$，v_s 的峰值就越大。图 3.6（e）展示了不同 $\Delta\Gamma$ 下，在 $\omega_c=1.5$，$\omega_H=2.0$ 时，v_s 随有效扩散系数 D_θ 的变化。当 $\Delta\Gamma\geqslant0$ 时，v_s 随 D_θ 增加单调递减，而当 $\Delta\Gamma<0$ 时，存在最优值 D_θ 使得 v_s 达到最大值。因为当 $\Delta\Gamma<0$ 时，$\Delta\Gamma$ 能抑制 v_s 的增加，如图 3.2 所示。值得注意的是，当 $\Delta\Gamma=-0.9$ 时，改变 D_θ 能实现流反转。不同形状的粒子能往相反方向运动并且分离。

图 3.6（b）、（d）、（f）描述了有效扩散系数 D_{eff} 随 D_θ 的变化，该曲线显示了明显的共振峰。原因是外场和旋转扩散系数的相互作用造成。当 D_θ 很小时，外场控制了扩散；当 $D_\theta\to\infty$，粒子旋转得非常快，外场的影响可忽略，粒子被陷在势阱中，因此 $D_{eff}\to0$。特别地，当外加静态场时，粒子可以从势阱驱动到外面并迅速扩散，使 D_{eff} 达到最大值。因此 D_{eff} 远大于 1，如图 3.6（b）所示的 $\omega_H=0$、$\omega_c\neq0$ 的情况，在图中可以看到急剧扩散。此外，由图 3.6（d）可知，当 ω_c/ω_H 增加时，峰值减小且峰值位置向 D_θ 增大方向移动。由图 3.6（f）可知，D_{eff} 随 $\Delta\Gamma$ 增加而减小，这与图 3.2 的结果一致。

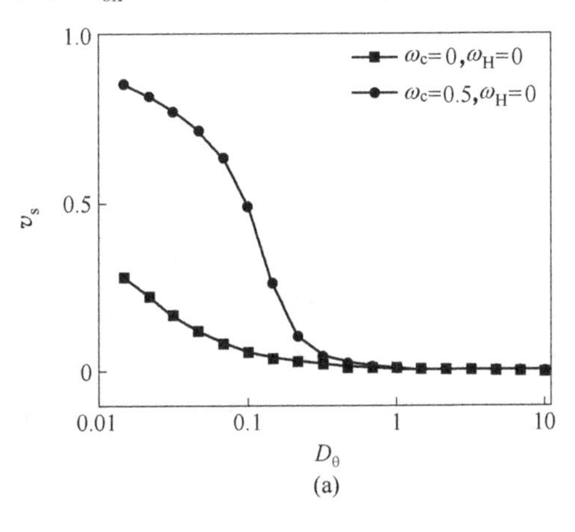

(a)

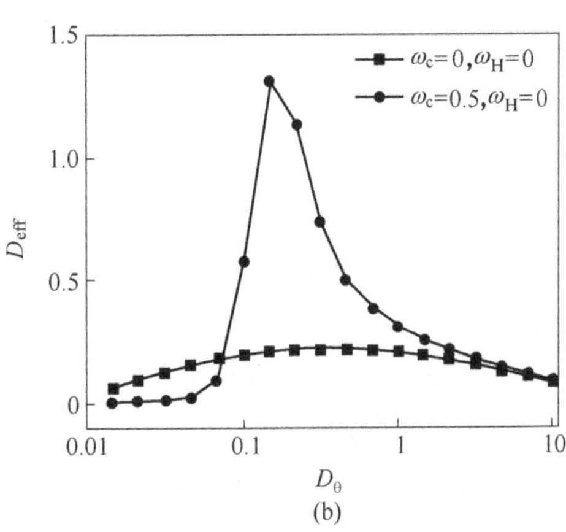

(b)

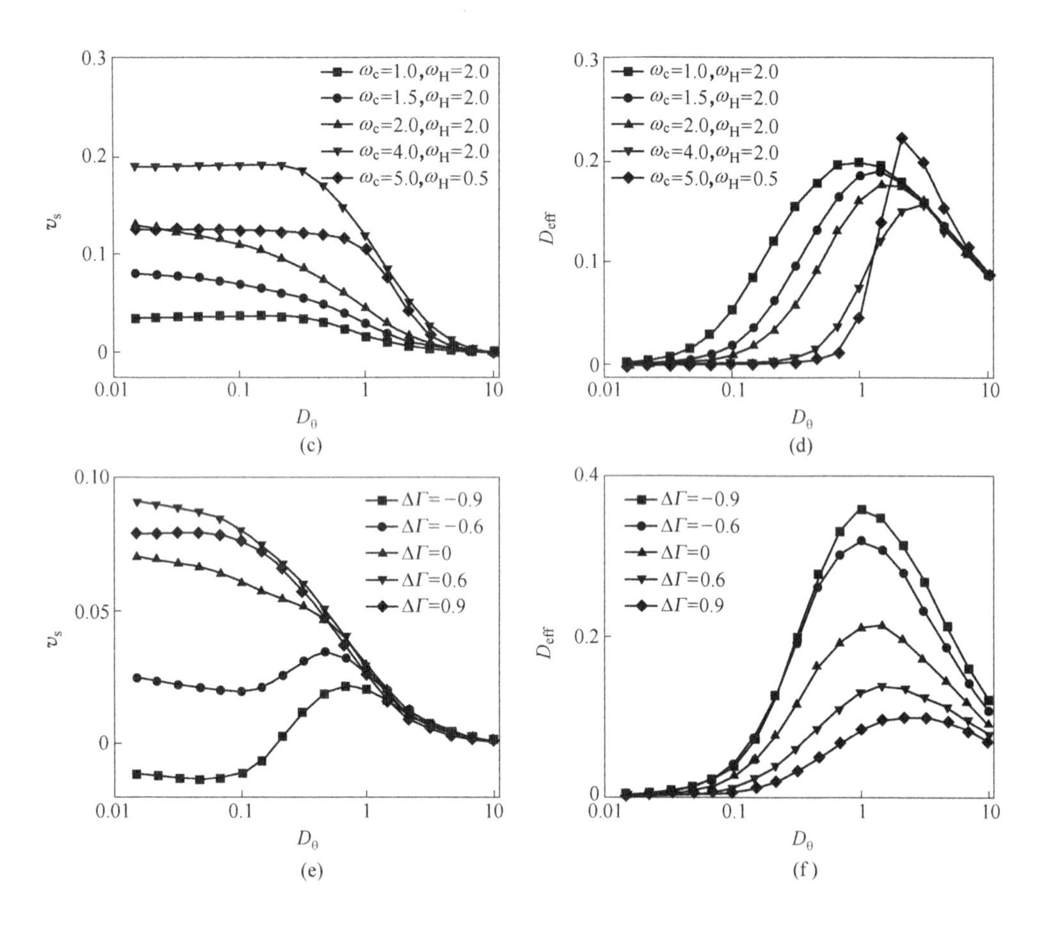

图 3.6　不同 ω_c 及 ω_H 下，在 $\Delta\Gamma=0.2$ 且 $v_0=2.0$ 时，活性粒子的平均速度 v_s(a)，(c) 及有效扩散系数 D_{eff}(b)，(d) 随旋转扩散系数 D_θ 的变化以及不同 $\Delta\Gamma$ 下，在 $\omega_c=1.5$，$\omega_H=2.0$ 且 $v_0=2.0$ 时，活性粒子的平均速度 v_s(e) 及有效扩散系数 D_{eff}(f) 随旋转扩散系数 D_θ 的变化

3.3.2　被动粒子的迁移和扩散

图 3.7 描述了被动粒子的迁移率 μ 及有效扩散系数 D_{eff} 随各向异性参数 $\Delta\Gamma$ 的变化。我们发现迁移率和有效扩散系数有相似的行为。当粒子受到静态磁场 ($\omega_H=0$，$\omega_c\neq0$) 作用时，μ 和 D_{eff} 随 $\Delta\Gamma$ 的增加而增加。而当粒子不受外场或受到旋转磁场作用时，存在最优值 $\Delta\Gamma$ 使 μ 和 D_{eff} 取最大值。各向异性粒子的 μ 和 D_{eff} 相比于各向同性粒子的 μ 和 D_{eff} 要小。当外加不同频率的旋转磁场时迁移率 μ 和有效扩散系数 D_{eff} 只有略微改变。

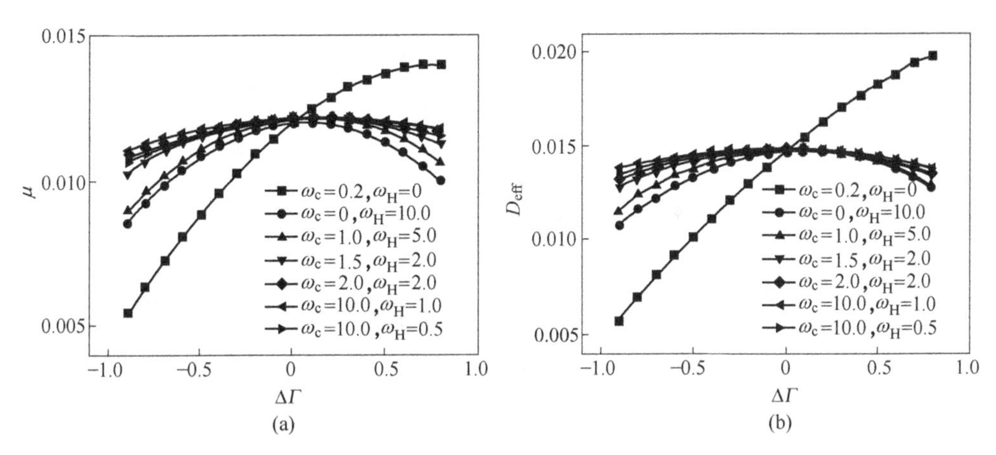

图 3.7 不同 ω_c 及 ω_H 下，被动粒子的迁移率 μ(a) 及有效扩散系数 D_{eff}(b) 随各向异性参数 $\Delta\Gamma$ 的变化

图 3.8 描述了被动粒子的迁移率 μ 和有效扩散系数 D_{eff} 随临界频率 ω_c 的变化。研究发现迁移率和有效扩散系数也有相似的行为且随 ω_c 增加而增加，继而保持一个常数。也就是说，频率 ω_c 起初增强了迁移率和有效扩散，最终对迁移率和有效扩散的影响可以忽略。正如我们所知，当 $\gamma>1$ 时，椭球粒子随磁场同步旋转；当 $\gamma<1$ 时，椭球粒子被称做为异步态的前后摇摆运动。特别地，当外加场为静态场（$\omega_H=0$）时，粒子的 μ 和 D_{eff} 比外加旋转磁场（$\omega_H\neq0$）时要大得多，如图 3.8（a）和（b）所示。换句话说，当改变 ω_H 时，μ 和 D_{eff} 只表现一点不同。当 ω_H 增加时，峰值的位置接近于 $\gamma\geqslant1$ 时 ω_c 的值，并且峰值位置往 ω_c 增大方向移动。由图 3.8（c）和（d）可知，各向同性粒子（$\Delta\Gamma=0$）的 μ 和 D_{eff} 保持常数并且始终比各向异性粒子的 μ 和 D_{eff} 要大得多，这在图 3.7 也证明了该结论。

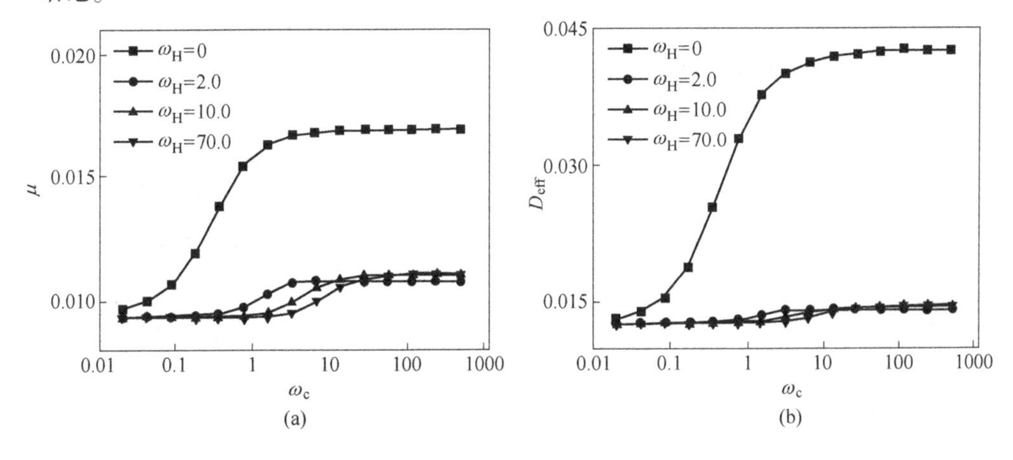

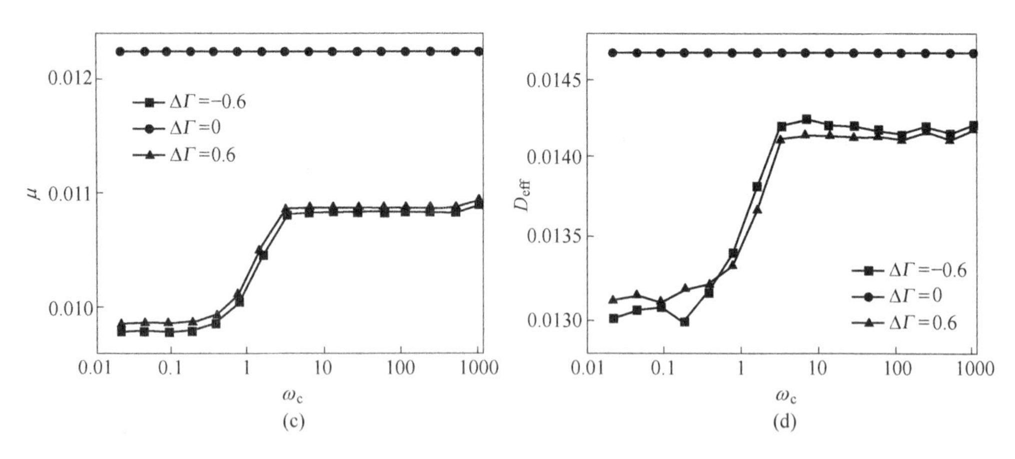

图 3.8　在不同磁场频率 ω_H 下，$\Delta\Gamma=0.7$ 时，被动粒子迁移率 μ(a)
及有效扩散系数 D_{eff}(b) 随临界频率 ω_c 的变化以及在不同 $\Delta\Gamma$ 下，$\omega_H=2.0$ 时，
被动粒子迁移率 μ(c) 及有效扩散系数 D_{eff}(d) 随临界频率 ω_c 的变化

图 3.9 描述了在不同磁场频率 ω_H 下，被动粒子的迁移率 μ 和有效扩散系数 D_{eff}随磁场频率 ω_H 的变化。当粒子不受外加场时（$\omega_c=0$），μ 和 D_{eff}保持不变。当粒子受到旋转磁场作用时，起初 $\gamma>1$ 时与磁场同步的旋转运动增强了迁移率，接着 $\gamma<1$ 时，前后摇摆运动抑制了粒子迁移。因此，存在最优值 ω_H 使得迁移率达到最大值。峰值的位置接近于 $\omega_H \leqslant \omega_c$。尽管如此，有效扩散系数开始下降，继而增加，最后降为一个常数，如图 3.9（b）所示。ω_H 存在两个峰值。由图 3.9（c）和（d）可知，各向同性粒子（$\Delta\Gamma=0$）的 μ 和 D_{eff}保持为常数并且总是大于各向异性粒子，这一结果与前述结果一致。

图 3.10 描述了被动粒子迁移率 μ 及有效扩散系数 D_{eff}随旋转扩散系数 D_θ 的变化。从图 3.10（a）和（b）可知，粒子受到静态场（$\omega_H=0$，$\omega_c\neq0$）作用时的迁移率 μ 和有效扩散系数 D_{eff}与其他情况不同。当粒子受到静态磁场作用时，μ 和 D_{eff}随 D_θ 的增加而减少。因为与磁场同步的旋转运动增强了迁移率和有效扩散。当 $D_\theta\to0$ 时，外场对迁移率及扩散起了关键作用，使 μ 及 D_{eff}达到最大值。当 D_θ 增大，粒子旋转加快，外场的作用减小，所以 μ 和 D_{eff}最终趋于常数。当粒子不受磁场作用或者受到旋转磁场作用时，μ 和 D_{eff}随 D_θ 的增加而增加，且当 γ 很大时保持基本不变。这是由于外场与旋转扩散竞争导致。由图 3.10（c）和（d）可知，各向同性粒子（$\Delta\Gamma=0$）的迁移率和有效扩散系数保持常数，且总是比各向异性粒子的大。当 $D_\theta\to0$ 时，粒子很长时间保持同一方向运动且由平动扩散决定。当 $D_\theta\to\infty$ 时，粒子旋转得很快以至粒子的各向异性效应消失，因此各向异性粒子的迁移率和有效扩散最终和各向同性粒子有相似的行为。

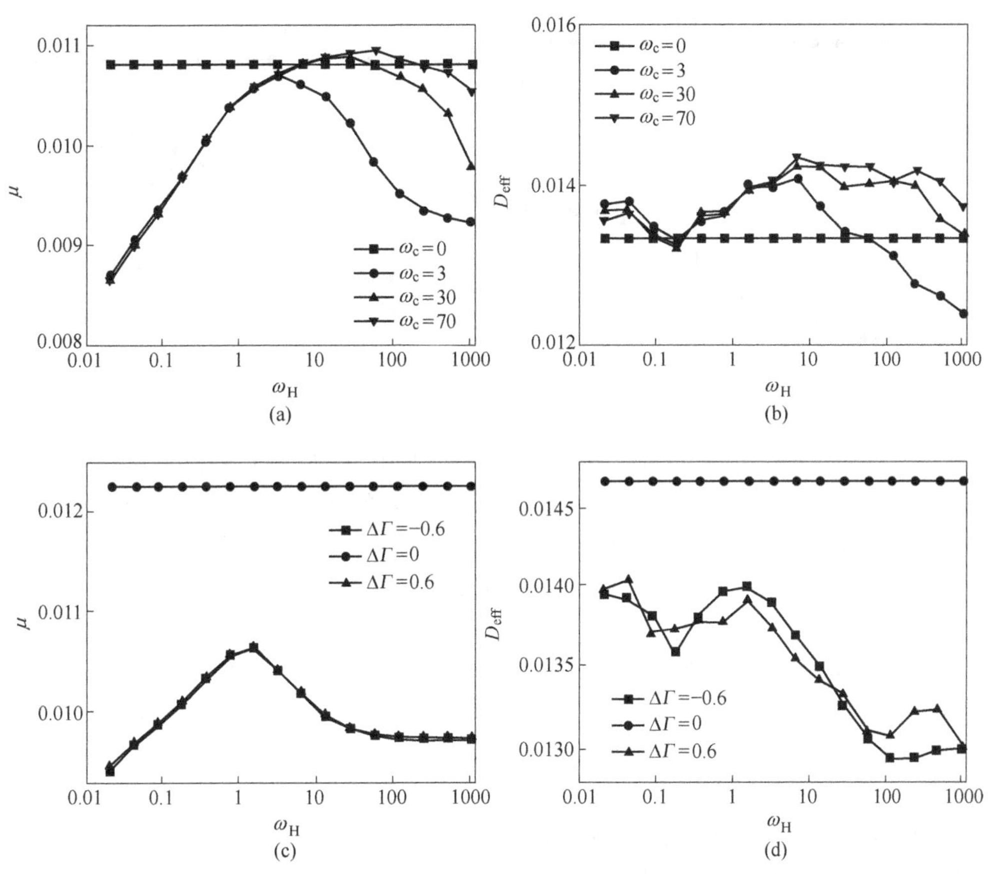

图 3.9 在不同磁场频率 ω_H 下，$\Delta\Gamma=0.7$ 时，被动粒子迁移率 μ(a) 及有效扩散系数 D_{eff}(b) 随磁场频率 ω_H 的变化以及在不同 $\Delta\Gamma$ 下，$\omega_c=2.0$ 时，被动粒子迁移率 μ(c) 及有效扩散系数 D_{eff}(d) 随磁场频率 ω_H 的变化

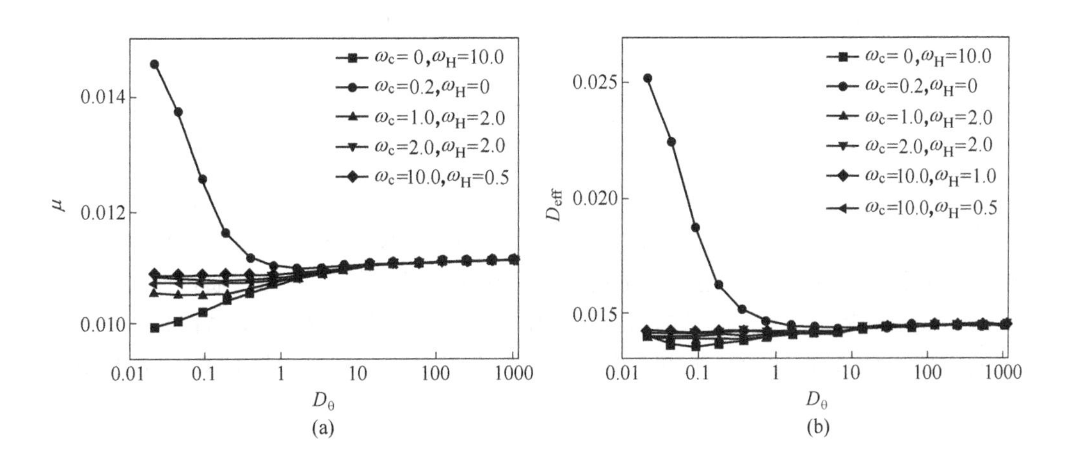

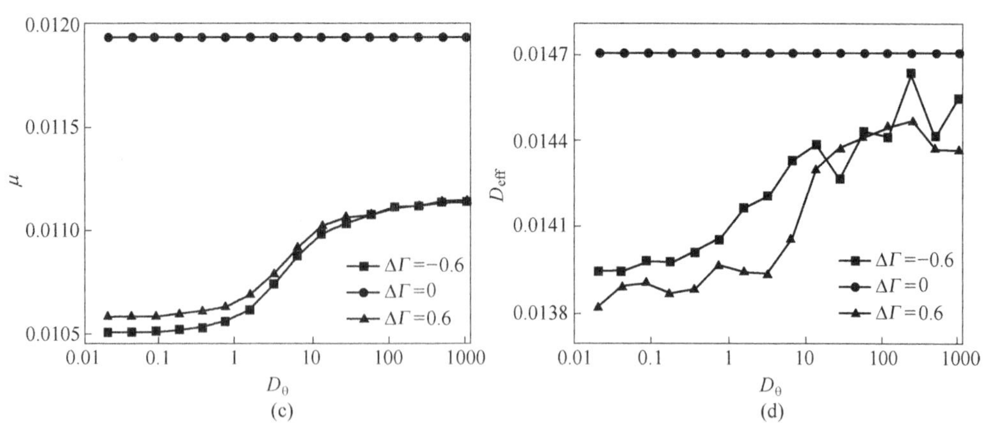

图 3.10　在不同 ω_c 及 ω_H 下，$\Delta\Gamma=0.5$ 时，被动粒子迁移率 $\mu(a)$ 及有效扩散系数 D_{eff}(b) 随旋转扩散系数 D_θ 的变化以及在不同 $\Delta\Gamma$ 下，$\omega_c=10.0$ 且 $\omega_H=0.5$ 时，被动粒子迁移率 $\mu(c)$ 及有效扩散系数 D_{eff} (d) 随旋转扩散系数 D_θ 的变化

通过与活性粒子比较发现，被动粒子的迁移率和有效扩散有相似的行为。换句话说，自驱动速度 v_0 在粒子输运和扩散相异性上起关键作用。此外，当外加不同频率的磁场时，被动粒子的迁移率和有效扩散改变甚微且被动粒子的输运方向无法反转。

现在我们讨论被动粒子的扩散和迁移相关的爱因斯坦关系的有效性。在平衡条件，线性机制下，爱因斯坦关系有如下扩散和迁移比例关系[50]：

$$D_x \equiv \mu k_B T \tag{3.19}$$

我们分别绘制了被动粒子有效扩散系数 D_{eff} 与迁移率 μ 比值随 $\Delta\Gamma$、ω_c、ω_H、D_θ、f_0 及 k_BT 的变化，如图 3.11 (a)～(f) 所示。由图 3.11 (a)～(e) 可知，系统是非线性机制的。D_{eff} 与 μ 的比值在大多是情况下是变化的，仅在 $\Delta\Gamma=0$ 及 $\omega_c=0$ 时是常数，分别如图 3.11 (b)～(d) 所示。由图 3.11 (f) 可知，当 f_0 及 k_BT 不小时，D_x 与 μ 的比值与 k_BT 不成正比，且系统是非线性的。尽管如此，当 f_0 及 k_BT 很小时，曲线接近于直线，D_x 与 μ 的比值几乎正比于 k_BT，此时 f_0 及 k_BT 的效应可忽略，系统可看作平衡，满足爱因斯坦关系（见式 (3.19)）。

最后讨论实验上实现我们模型的可能性。考虑一个顺磁椭球粒子在室温下的二维通道中运动的系统，顺磁椭球粒子可以采用文献 [51] 中的方法得到。通道是不对称的且上边界选用波纹结构。加在粒子上的旋转磁场可以通过两个互相垂直的定制线圈沿 (x, y) 连接起来，用一个波形发生器 (TTi-TGA1244) 给功率放大器 (IMGSTA-800) 供电。由于通道上下不对称，顺磁性椭球粒子在旋转

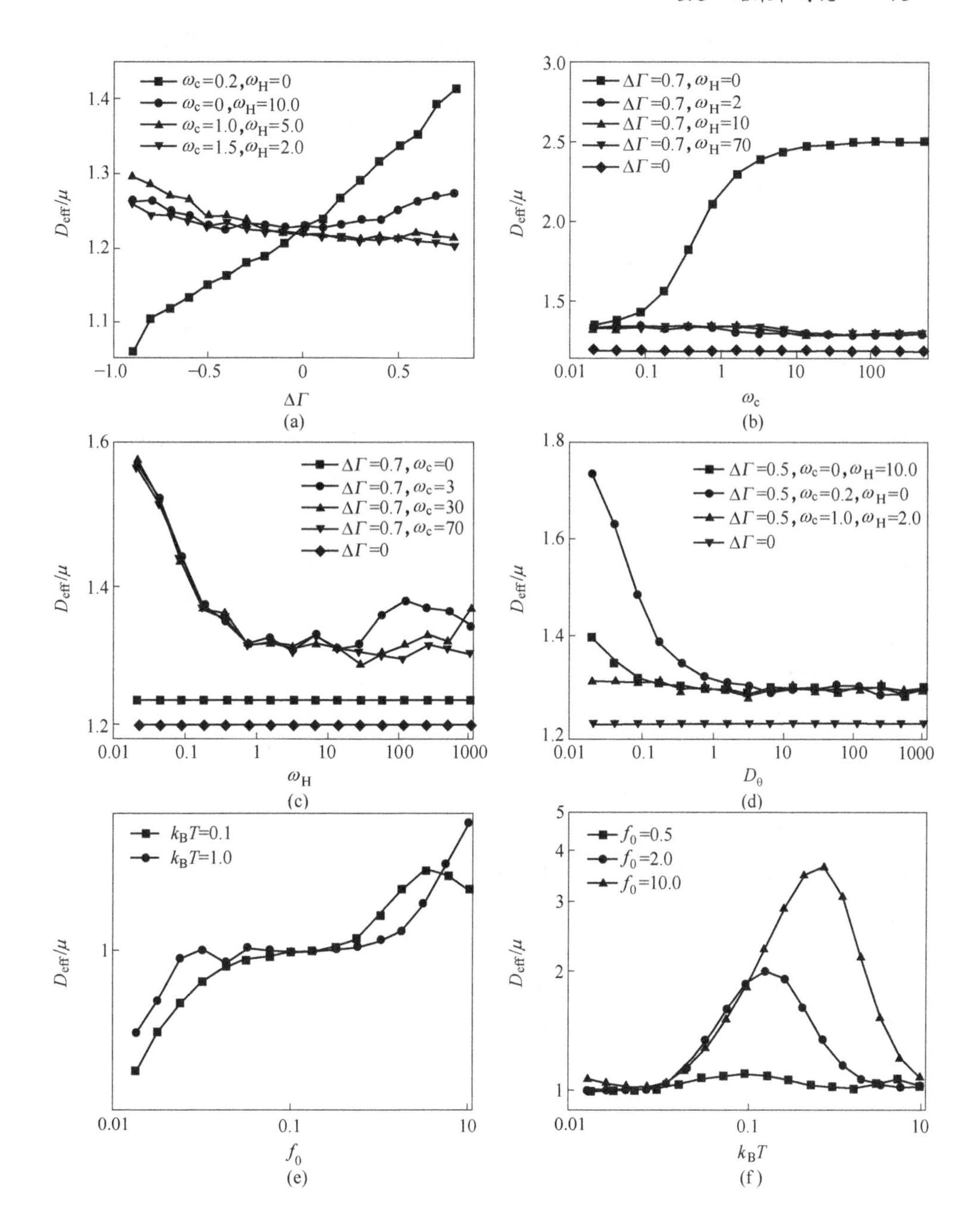

图 3.11 被动粒子有效扩散系数 D_{eff}与迁移率 μ 的比例

(a) 在不同 ω_c 及 ω_H 下，k_BT=1.0 时，随 $\Delta\Gamma$ 的变化；(b) 在不同 $\Delta\Gamma$ 及 ω_H 下，k_BT=1.0 时，随 ω_c 的变化；(c) 在不同 $\Delta\Gamma$ 及 ω_c 下，k_BT=1.0 时，随 ω_H 的变化；(d) 在不同 $\Delta\Gamma$、ω_c 及 ω_H 下，k_BT=1.0 时，随 D_θ 的变化；(e) 在不同 k_BT 下，$\Delta\Gamma$=0 时，随 f_0 的变化；(f) 在不同 f_0 下，$\Delta\Gamma$=0 时，随 k_BT 的变化

磁场作用下能发生定向运动。为了测量顺磁椭球粒子的运动，我们用高速摄像机拍照，以计算粒子平均速度和有效扩散系数。我们很容易控制该实验装置的旋转磁场的强度和频率。

3.4　本章小结

本章数值计算了顺磁性椭球粒子在旋转磁场作用下，二维通道中的输运和扩散[52]。结果发现旋转磁场作用下的顺磁性椭球粒子可以在上下不对称通道中发生定向运动。外加磁场影响着粒子的输运和扩散。对于活性粒子，其整流和扩散行为不同且复杂。前后摇摆运动利于有效扩散而抑制整流。与磁场同步的旋转运动抑制有效扩散却增强整流效应。当外加不同的磁场（静态或旋转）或不加磁场时，不同形状、自驱动速度、旋转扩散系数的活性粒子的整流和有效扩散展现了不同的行为。这是自驱动速度 v_0、临界频率 ω_c、磁场频率 ω_H、各向异性参数 $\Delta\Gamma$ 及旋转扩散率 D_θ 的竞争所致。当各个参数（各向异性参数、磁场振幅和频率、自驱动速度及旋转扩散系数）取最优值时，平均速度和扩散达到最大值。此外，当外加合适振幅和频率的旋转磁场时，可实现三种分离粒子的方法：（1）不同形状的粒子分离：$-0.4 \leqslant \Delta\Gamma \leqslant -0.9$ 的粒子往左运动，而其他粒子往右；（2）不同自驱动速度的粒子分离：$2.0 \leqslant v_0 \leqslant 5.0$ 的粒子往左运动，而其他粒子往右运动；（3）不同转动扩散系数的粒子分离：$D_\theta \leqslant 0.2$ 的粒子往左运动，而其他粒子往右运动。因此我们可以分离不同形状、不同自驱动速度或者不同转动扩散系数的粒子。对于被动粒子，其迁移率和有效扩散有相似的行为，且改变外加旋转磁场频率时，两者相差甚微。完美球形粒子的迁移率和有效扩散远远大于长条状的粒子。与磁场同步的旋转运动增强了迁移率和有效扩散，而前后摇摆运动削弱了迁移和有效扩散。当 ω_H 取最优值时，迁移率达到最大值，峰值的位置接近于 $\omega_H \leqslant \omega_c$。

本章得到的顺磁椭球粒子输运和扩散的结果可用于解释文献［37］和［38］的实验。通过改变外加磁场的频率或强度可以分离粒子，控制粒子的方向，并控制粒子在多种应用中的扩散，例如药物释放和污染物在多孔介质中的迁移。此外，各向异性参数，如本章中的研究对象顺磁性椭球粒子，可以被用于力传感器、微搅拌器、约束结构中的活性物质、微流变探针或外部驱动微螺旋器[13]。将来我们的研究也可拓展到复杂环境下，如欠阻尼机制下，考虑粒子间的相互作用。

参考文献

[1] Ao X, Ghosh P K, Li Y, et al. Diffusion of chiral Janus particles in a sinusoidal channel [J]. Europhysics Letters, 2015, 109 (1): 10003.

[2] Burada P S, Hänggi P, Marchesoni F, et al. Diffusion in confined geometries [J]. Chem Phys Chem, 2009, 10 (1): 45-54.

[3] Ghosh P K, Hänggi P, Marchesoni F, et al. Giant negative mobility of Janus particles in a corrugated channel [J]. Physical Review E, 2014, 89 (6): 062115.

[4] Antipov A E, Barzykin A V, Berezhkovskii A M, et al. Effective diffusion coefficient of a Brownian particle in aperiodically expanded conical tube [J]. Physical Review E, 2013, 88 (5): 054101.

[5] Wang X, Drazer G. Transport properties of Brownian particles confined to a narrow channel by a periodic potential [J]. Physics of Fluids, 2009, 21 (10): 102002.

[6] Li Y, Ghosh P K, Marchesoni F, et al. Manipulating chiral microswimmers in a channel [J]. Physical Review E, 2014, 90 (6): 062301.

[7] Ai B, Liu L. Current in a three-dimensional periodic tube with unbiased forces [J]. Physical Review E, 2006, 74 (5): 051114.

[8] Lindenberg K, Sancho J M, Lacasta A M, et al. Dispersionless transport in a wash-board potential [J]. Physical Review Letters, 2007, 98 (2): 020602.

[9] Reimann P, Eichhorn R. Weak disorder strongly improves the selective enhancement of diffusion in a tilted periodic potential [J]. Physical Review Letters, 2008, 101 (18): 180601.

[10] Khoury M, Lacasta A M, Sancho J M, et al. Weak disorder: Anomalous transport and diffusion are normal yet again [J]. Physical Review Letters, 2011, 106 (9): 090602.

[11] Tierno P, Reimann P, Johansen T H, et al. Giant transversal particle diffusion in a longitudinal magnetic ratchet [J]. Physical Review Letters, 2010, 105 (23): 230602.

[12] Dreyfus R, Baudry J, Roper M L, et al. Microscopic artificial swimmers [J]. Nature, 2005, 437 (7060): 862-865.

[13] Tierno P. Recent advances in anisotropic magnetic colloids: Realization, assembly and applications [J]. Physical Chemistry Chemical Physics, 2014, 16 (43): 2351523528.

[14] Cēbers A, Ozols M. Dynamics of an active magnetic particle in a rotating magnetic field [J]. Physical Review E, 2006, 73 (2): 021505.

[15] Waisbord N, Lefèvre C T, Bocquet L, et al. Destabilization of a flow focused suspension of magnetotactic bacteria [J]. Physical Review Fluids, 2016, 1 (5): 053203.

[16] Meng F, Matsunaga D, Golestanian R. Clustering of magnetic swimmers in a poiseuille flow [J]. Physical Review Letters, 2018, 120 (18): 188101.

[17] Chen T, Wang X B, Yu T. Extracting work from magnetic-field-coupled Brownian particles [J]. Physical Review E, 2014, 90 (2): 022101.

[18] Erb R M, Martin J J, Soheilian R, et al. Actuating soft matter with magnetic torque [J]. Advanced Functional Materials, 2016, 26 (22): 3859-3880.

[19] Snezhko A, Belkin M, Aranson I S, et al. Self-assembled magnetic surface swimmers [J]. Physical Review Letters, 2009, 102 (11): 118103.

[20] Snezhko A. Non-equilibrium magnetic colloidal dispersions at liquid-airinterfaces: Dynamic

patterns, magnetic order and self-assembled swimmers [J]. Journal of Physics: Condensed Matter, 2011, 23 (15): 153101.

[21] Ghanbari A, Bahrami M, Nobari M R H. Methodology for artificial microswimming using magnetic actuation [J]. Physical Review E, 2011, 83 (4): 046301.

[22] Vach P J, Walker D, Fischer P, et al. Pattern formation and collective effects in populations of magnetic microswimmers [J]. Journal of Physics D: Applied Physics, 2017, 50 (11): 11LT03.

[23] Babel S, Löwen H, Menzel A M. Dynamics of a linear magnetic "microswimmer molecule" [J]. Europhysics Letters, 2016, 113 (5): 58003.

[24] Meshkati F, Fu H C. Modeling rigid magnetically rotated microswimmers: Rotation axes, bistability, and controllability [J]. Physical Review E, 2014, 90 (6): 063006.

[25] Khalil I S M, Fatih Tabak A, Klingner A, et al. Magnetic propulsion of robotic sperms at low-Reynolds number [J]. Applied Physics Letters, 2016, 109 (3): 033701.

[26] Martin J E. Theory of strong intrinsic mixing of particle suspensions in vortex magnetic fields [J]. Physical Review E, 2009, 79 (1): 011503.

[27] Marino R, Eichhorn R, Aurell E. Entropy production of a Brownian ellipsoid in the overdamped limit [J]. Physical Review E, 2016, 93 (1): 012132.

[28] Güell O, Tierno P, Sagués F. Anisotropic diffusion of amagnetically torqued ellipsoidal microparticle [J]. The European Physical Journal Special Topics, 2010, 187 (1): 15-20.

[29] Fan W T L, Pak O S, Sandoval M. Ellipsoidal Brownian self-driven particles in a magnetic field [J]. Physical Review E, 2017, 95 (3): 032605.

[30] Matsunaga D, Meng F, Zöttl A, et al. Focusing and sorting of ellipsoidal magnetic particles in microchannels [J]. Physical Review Letters, 2017, 119 (19): 198002.

[31] Liu F, Jiang L, Tan H M, et al. Separation of superparamagnetic particles through ratcheted Brownian motion and periodically switching magnetic fields [J]. Biomicrofluidics, 2016, 10 (6): 064105.

[32] Gao W, Kagan D, Pak O S, et al. Cargo-towing fuel-free magnetic nanoswimmers for targeted drug delivery [J]. Small, 2012, 8 (3): 460-467.

[33] Hamilton J K, Petrov P G, Winlove C P, et al. Magnetically controlled ferromagnetic swimmers [J]. Scientific Reports, 2017, 7: 44142.

[34] Petit T, Zhang L, Peyer K E, et al. Selective trapping and manipulation of microscale objects using mobile microvortices [J]. Nano Letters, 2012, 12 (1): 156-160.

[35] Fischer P, Ghosh A. Magnetically actuated propulsion at low Reynolds numbers: Towards nanoscale control [J]. Nanoscale, 2011, 3 (2): 557-563.

[36] Pak O S, Gao W, Wang J, et al. High-speed propulsion of flexible nanowire motors: Theory and experiments [J]. Soft Matter, 2011, 7 (18): 8169-8181.

[37] Tierno P, Claret J, Sagués F, et al. Overdamped dynamics of paramagnetic ellipsoids in a precessing magnetic field [J]. Physical Review E, 2009, 79 (2): 021501.

[38] Tierno P, Albalat R, Sagués F. Autonomously moving catalytic microellipsoids dynamically guided by external magnetic fields [J]. Small, 2010, 6 (16): 1749-1752.

[39] ten Hagen B, van Teeffelen S, Löwen H. Brownian motion of a self-propelled particle [J]. Journal of Physics: Condensed Matter, 2011, 23 (19): 194119.

[40] Grima R, Yaliraki S N. Brownian motion of an asymmetrical particle in a potential field [J]. The Journal of Chemical Physics, 2007, 127 (8): 084511.

[41] Han Y, Alsayed A M, Nobili M, et al. Brownian motion of an ellipsoid [J]. Science, 2006, 314 (5799): 626-630.

[42] Denisov S, Hänggi P, Mateos J L. AC-driven Brownian motors: A Fokker-Planck treatment [J]. American Journal of Physics, 2009, 77 (7): 602-606.

[43] Bénichou O, Illien P, Oshanin G, et al. Microscopic theory for negative differential mobility in crowded environments [J]. Physical Review Letters, 2014, 113 (26): 268002.

[44] Bénichou O, Illien P, Oshanin G, et al. Nonlinear response and emerging nonequilibrium microstructures for biased diffusion in confined crowded environments [J]. Physical Review E, 2016, 93 (3): 032128.

[45] Leitmann S, Franosch T. Time-dependent fluctuations and superdiffusivity in the driven lattice lorentz gas [J]. Physical Review Letters, 2017, 118 (1): 018001.

[46] Illien P, Bénichou O, Oshanin G, et al. Nonequilibrium fluctuations and enhanced diffusion of a driven particle in a dense environment [J]. Physical Review Letters, 2018, 120 (20): 200606.

[47] Sarracino A, Cecconi F, Puglisi A, et al. Nonlinear response of inertial tracers in steady laminar flows: Differential and absolute negative mobility [J]. Physical Review Letters, 2016, 117 (17): 174501.

[48] Cecconi F, Puglisi A, Sarracino A, et al. Anomalous force-velocity relation of driven inertial tracers in steady laminar flows [J]. The European Physical Journal E, 2017, 40 (9): 81.

[49] Reichhardt C, Reichhardt C J O. Negative differential mobility and trapping in active matter systems [J]. Journal of Physics: Condensed Matter, 2017, 30 (1): 015404.

[50] Puglisi A, Sarracino A, Vulpiani A. Temperature in and out of equilibrium: A review of concepts, tools and attempts [J]. Physics Reports, 2017, 709: 1-60.

[51] Champion J A, Katare Y K, Mitragotri S. Making polymeric micro-and nanoparticles of complex shapes [J]. Proceedings of the National Academy of Sciences, 2007, 104 (29): 11901-11904.

[52] Liao J J, Zhu W J, Ai B Q. Transport and diffusion of paramagnetic ellipsoidal particles in a rotating magnetic field [J]. Physical Review E, 2018, 97 (6): 062151.

4 活性粒子在时间振荡势下的流反转

4.1 概述

布朗棘齿或者分子马达是一种能将随机系统里的热波动转为定向流的装置[1-3]。近几年，活性棘齿系统在化学、生物及纳米技术领域受到极大关注[4-6]。该系统可由自然界中生物或者非生物活性物质来实现[7]。不同于被动棘齿系统，活性棘齿系统由于活性粒子自身具有自驱动性质代替了外加驱动力，因而产生整流[7,8]。例如，自驱动分子马达可以通过消耗活细胞中 ATP 水解产生的化学能来进行定向运动[9]，大肠杆菌通过鞭毛来向前运动[10]等。许多研究[11-29]表明自驱动对粒子整流起了关键作用。该类研究在粒子分离[30]、药物传递[31]、生物传感器[32]、微机构造等方面有着广阔的应用前景，将成为近年来研究的热点。

在大部分活性棘齿系统中，活性粒子被认为在与时间无关的结构或势中运动。然而，与时间有关的周期势在被动棘齿系统中起重要作用，如闪烁棘齿[33-35]。这类布朗棘齿包括了在“开”和“关”两者状态切换[36]，或者随机切换[37]，或者两种（或多种）态结合且至少包含一个不对称重复单元的空间周期势。许多理论[38-44]及实验研究[45,46]提到了闪烁棘齿系统。Prost 等人[38]第一次分析了双态棘齿系统并且显示了从平衡态演化的扰动空间结构与粒子泵浦的关系。Martin 和 Sancho[39]研究了随机闪烁棘齿的粒子泵浦机制。Rozenbaum 等人[40]线性分析了小惯性修正对绝热驱动闪烁棘轮特性的影响。Bressloff 等人[41]研究了通过闪烁棘齿的准稳态减少来获得有效势下的布朗粒子。Jarillo 等人[42]得到了在离散反馈闪烁棘轮的最大功率下的效率。Netz 等人[43]研究了弹性粒子在波纹振荡通道下的输运和扩散。Wang 等人[44]研究了黏弹介质中耦合闪烁棘轮的输运特性。Kedem 等人[45,46]研究了通过实验调整振荡势的时间调制，对闪烁电子棘轮进行了优化。

在已有的大部分研究模型中，闪烁棘齿系统都为被动粒子在单一方向运动，势仅在一维方向上双态变化。事实上，二维势变化的场景是大多数实验闪烁棘轮装置更真实的表示。并且活性粒子在二维时间振荡势下运动没有研究。本章模拟研究了活性粒子在二维通道中运动的闪烁棘齿系统。我们选择易于产生的正弦波作为时间变化波形来驱动棘齿系统，该波形可以简化棘齿系统的设计和操作且易于从环境中获得，如电磁波。本章重点研究两种非平衡驱动：振荡势和活性粒子的自驱动力是如何影响棘齿系统的。研究发现当振荡势与自驱动竞争时，通过改变振荡势频率可以多次改变平均速度的方向。特别地，不同自驱动速度的粒子会向相反的方向运动并且分离，其结果可以作为控制和分离活性粒子的新型方法。

4.2 模型和方法

考虑 N 个半径为 r 的相互作用活性粒子在二维（2D）$L_x \times L_y$ 范围的振荡势 $U(\boldsymbol{r}, t)$ 下作用（见图4.1（a））。边界满足周期性边界条件。势沿 x 方向和 y 方向的周期为 L。$\boldsymbol{r}_i \equiv (x_i, y_i)$ 为粒子 i 的位置，θ_i 为极坐标 $\boldsymbol{n}_i \equiv (\cos\theta_i, \sin\theta_i)$ 下活性粒子速度方向的角度。在过阻尼极限下，粒子 i 的动力学可以由郎之万方程描述：

$$\frac{\partial \boldsymbol{r}_i}{\partial t} = v_0 \boldsymbol{n}_i + \mu\left[\sum_{j\neq i} \boldsymbol{F}_{ij} + \boldsymbol{G}_i\right] + \boldsymbol{\eta}_i^{\mathrm{T}}(t) \tag{4.1}$$

$$\frac{\mathrm{d}\theta_i}{\mathrm{d}t} = \eta_i^{\mathrm{r}}(t) \tag{4.2}$$

式中，$\boldsymbol{G}_i = -\dfrac{\partial U(\boldsymbol{r}, t)}{\partial \boldsymbol{r}}$；$v_0$ 是活性粒子的自驱动速度；μ 是迁移率；$\boldsymbol{\eta}_i^{\mathrm{T}}(t)$ 是相关函数的高斯噪声。

$$\langle \eta_{i\alpha}^{\mathrm{T}}(t) \rangle = 0, \ \langle \eta_{i\alpha}^{\mathrm{T}}(t)\eta_{j\beta}^{\mathrm{T}}(t') \rangle = 2D_0\delta_{ij}\delta_{\alpha\beta}\delta(t-t') \tag{4.3}$$

$$\langle \eta_i^{\mathrm{r}}(t)\eta_j^{\mathrm{r}}(t') \rangle = 2D_\theta\delta_{ij}\delta(t-t') \tag{4.4}$$

式中，$\eta_i^{\mathrm{r}}(t)$ 为自相关函数的高斯噪声；α 和 β 分别为笛卡尔坐标 x 和 y；D_0 和 D_θ 分别为平动扩散系数和转动扩散系数。

粒子间的排斥力 $\boldsymbol{F}_{ij}$ 采用劲度常数为 k 的弹性形式。如果 $r_{ij} < 2r$，$\boldsymbol{F}_{ij} = k(2r - r_{ij})\boldsymbol{e}_r$（否则 $\boldsymbol{F}_{ij}=0$），其中 r_{ij} 为粒子 i 和 j 之间的距离。使用大的 k 值来模拟硬粒子以防止粒子重叠。

势 $U(\boldsymbol{r}, t)$ 是不对称重复单元组成的时间调制函数 $g(t)$ 和周期空间函数 $V(x, y)$ 乘积（见图4.1（b）），该势满足以下方程：

$$U(x, y, t) = g(t)V(x, y) \tag{4.5}$$

$$V(x, y) = V_1(x) + V_2(y) = -\frac{U_0 \cdot L}{2\pi}\left(\sin\frac{2\pi x}{L} + \frac{\Delta}{4}\sin\frac{4\pi x}{L} + \sin\frac{2\pi y}{L}\right) \tag{4.6}$$

$$g(t) = \gamma\sin\omega t + 1 \tag{4.7}$$

式中，$V(x, y)$ 提供了棘齿所需的不对称性；$g(t)$ 为不对称的来源且随时间正弦振荡；U_0 是势的振幅；ω 是振荡角频率；Δ 为势的不对称参数；L 为势沿 x 方向和 y 方向的周期；γ 为我们设置的系数，当 $\gamma=1$ 时势是振荡的，当 $\gamma=0$ 时势为静止的。

由图4.1（b）所示在不同不对称参数 Δ 下，振荡势 $U(r, t)$ 沿 x 方向的空间部分的轮廓图；$\Delta>0$ 时势阱的左边更陡峭，当 $\Delta<0$ 时势阱的右边更陡峭。

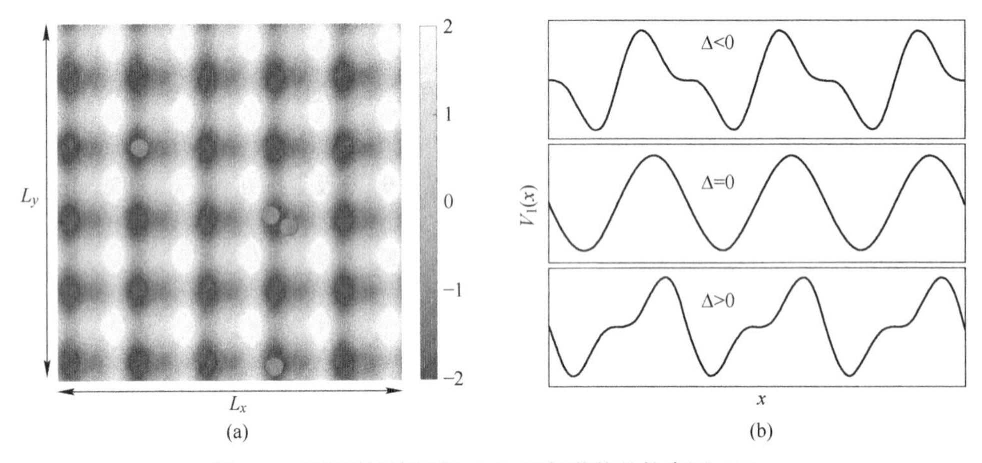

图4.1　棘齿系统演示图（a）和振荡势的轮廓图（b）

利用粒子直径 $2r$ 为长度单位，限制弛豫时间 $(\mu k)^{-1}$ 为时间单位将方程无量纲化。利用二阶随机龙格库塔算法对郎之万方程积分得到粒子的输运行为。因为势沿 y 方向是对称的，所以定向运动只发生在 x 方向[1,22]，在长时机制下，我们得到粒子沿 x 方向的平均速度为：

$$v_x = \frac{1}{N}\sum_{i=1}^{N}\lim_{t\to\infty}\frac{x_i(t) - x_i(0)}{t} \tag{4.8}$$

为方便，则进一步定义活性粒子的平均速度 $v_s = v_x/v_0$。此外，定义聚占比为所有粒子所占面积与总面积之比 $\phi = \pi N r^2/(L_x L_y)$。

4.3　结果和讨论

在本章的模拟中，总积分时间大于 10^6，积分步长小于 10^{-3}。模拟100次以确保该模拟结果不随时间步长和总积分时间而改变，因而具有鲁棒性。没有特别说明，取 $L_x = L_y = 20.0$、$L = L_x/5.0$、$r = 0.5$、$N = 2$ 及 $k = 100.0$。

实际上，非线性系统的棘齿装置有两个重要因素[47]：（1）能够破坏对称性导致定向输运的时间或空间不对称；（2）非平衡驱动：能够驱动系统远离平衡态。在本章的系统中，不对称来自于沿 x 方向的势，非平衡驱动来自于势的振荡或者活性粒子的自驱动力。现在分三种情况讨论粒子输运：（1）时间振荡势作用下的被动粒子（$v_0=0$，$\gamma=1$）；（2）静止势作用下的活性粒子（$v_0\neq0$，$\gamma=0$）；（3）时间振荡势作用下的活性粒子（$v_0\neq0$，$\gamma=1$）。

4.3.1 时间振荡势作用下的被动粒子

首先讨论被动粒子在时间振荡势作用下的定向输运，该振荡势的效应与闪烁棘齿效应一致[2,48]。图 4.2 描述了在不同振荡角频率 ω 下，被动粒子的平均速度 v_x 随不对称参数 Δ 的变化。研究发现 v_x 的符号由不对称参数 Δ 决定。$\Delta<0$ 时，平均速度为正；$\Delta=0$ 时，平均速度为零；$\Delta>0$ 时，平均速度为负。

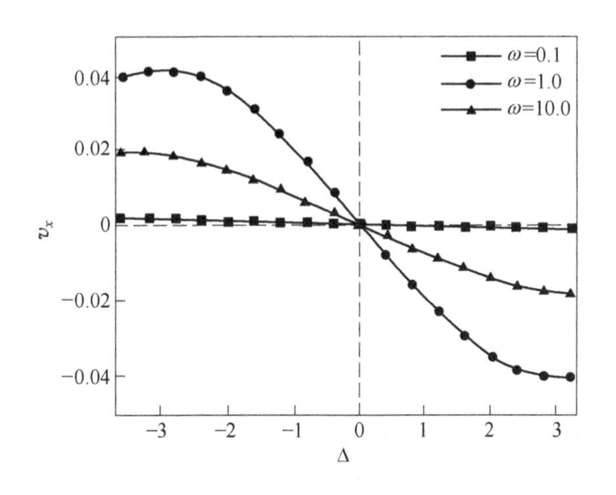

图 4.2 在不同振荡角频率 ω 下，$D_0=0.5$ 时，被动粒子的平均速度 v_x 随不对称参数 Δ 的变化

图 4.3 是闪烁棘齿效应的直观解释。选择 $\Delta<0$ 的情况来解释输运机制。在态（Ⅰ），四个粒子局限在不对称势阱中。随着势阱深度变得越来越浅，系统到达态（Ⅱ），粒子仍然陷入势的最底端。当势变平时，粒子在（Ⅲ）态自由扩散且向两边运动。因为势阱与其右边的势垒（较陡峭一侧）的距离短于其与左边势垒（较不陡峭一侧）的距离，因此运动到右侧势垒（较陡的一侧）的粒子有足够的时间爬上势垒。当势在状态（Ⅳ）中再次变得更陡时，粒子很容易被推到顶部。然后，左边的两个粒子和右边顶部的一个粒子运动到最初的势阱，但右边顶部的另一个粒子在状态（Ⅴ）中到达右边的势阱，从而产生向右的输运。同样，当 $\Delta>0$ 时，粒子向左运动。当势完全对称（$\Delta=0$）时，势阱与左右两边的势垒距离相等，粒子跨越左右两边势垒的概率一样，因此平均速度为零。所以可以通过控制势的对称性参数来控制输运方向。值得注意的是，当振荡角频率 $\omega=1.0$ 时，平均速度最大。

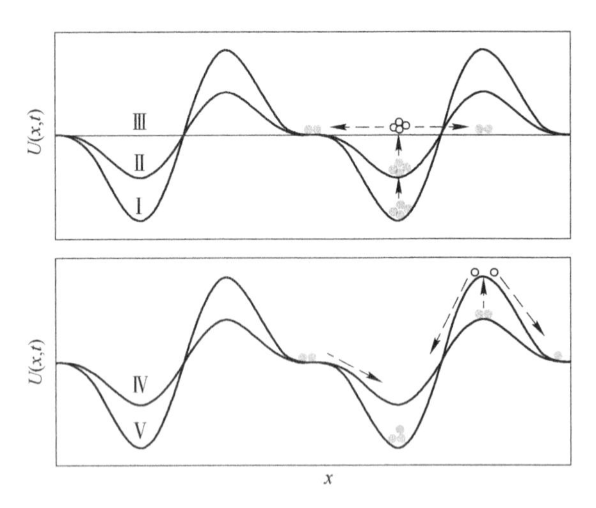

图 4.3 当 Δ<0 时，导致被动粒子往右运动的闪烁棘齿效应说明图

图 4.4（a）描述了在不同平动扩散系数 D_0 下，平均速度 v_x 随振荡角频率 ω 的变化。研究发现平均速度为振荡角频率的函数。当振荡角频率 $\omega \to 0$ 时，势为静止的，因此非平衡驱动可忽略，棘齿效应消失，v_x 趋近于零。当振荡角频率 $\omega \to \infty$ 时，势振荡太快，粒子缺乏扩散到下一个势阱的时间，不发生输运，因此 v_x 趋于零。当 D_0 增加时，峰值位置向 ω 增大方向移动。这是因为随 D_0 增加，扩散时间降低，当扩散时间和外驱动力周期时间相当的时候，v_x 达到最大值，峰值即为共振特征。因此最优振荡角频率能够增强粒子整流。图 4.4（b）描述了粒子横坐标 x 在不同振荡角频率 ω 下随时间 t 的变化，对应图 4.4（a）中的 A、

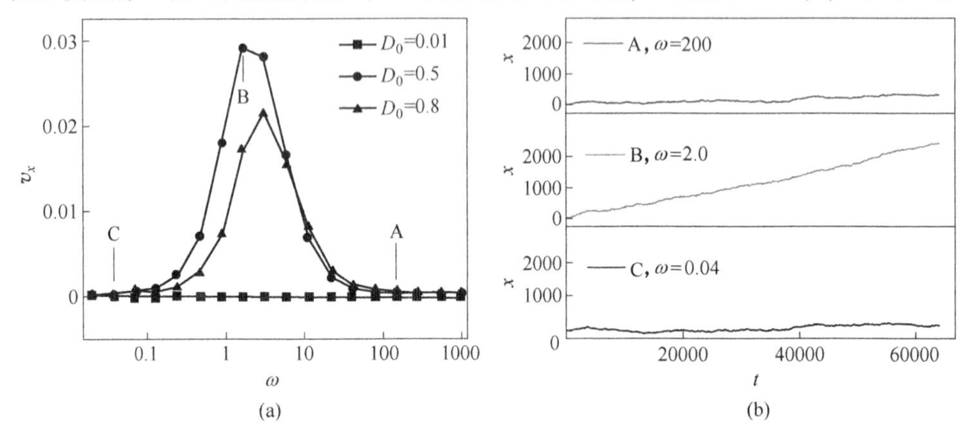

图 4.4 在不同平动扩散系数 D_0 下，Δ=-1.0 时，被动粒子的平均速度 v_x 随振荡角频率 ω 的变化（a）和粒子横坐标 x 在不同振荡角频率 ω 下随时间 t 的变化（b）

B、C点。在点A和点C，粒子的横坐标很长时间接近于零，也就是说粒子在低频或高频下静止或长时间被捕获。在点B，粒子横坐标长时间增加，也就是说，在最优振荡角频率 ω 附近有一个连续的流动。

4.3.2 静止势作用下活性粒子

对于静态势作用下活性粒子情况下，非平衡驱动来自于活性粒子的自驱动速度。图4.5描述了在不同自驱动速度 v_0 下，平均速度 v_s 随不对称参数 Δ 变化。我们发现 $\Delta<0$ 时，平均速度为负值；$\Delta=0$ 时为零；$\Delta>0$ 时，平均速度为正值。当势对称 $\Delta=0$ 时，粒子往右边势垒和左边势垒的概率相等，因此 $v_s=0$。当 $\Delta<0$，势阱右边比左边更陡峭，活性粒子更容易向更平缓的一边运动，因此粒子往左运动，$v_s<0$。同样，当 $\Delta>0$ 时，粒子往右运动，$v_s>0$。此外，存在最优值 Δ 使得 v_s 达到最大值（$v_0=2.5$，未在图中显示）。这是因为当 $|\Delta|\to\infty$ 时，势接近对称，不对称效应消失，$v_s\to0$。值得注意的是当 v_0 增加时，峰值的位置向 $|\Delta|$ 增大方向移动。这是由于增大 v_0 使得驱动力增大，增大 $|\Delta|$，不对称效应降低。

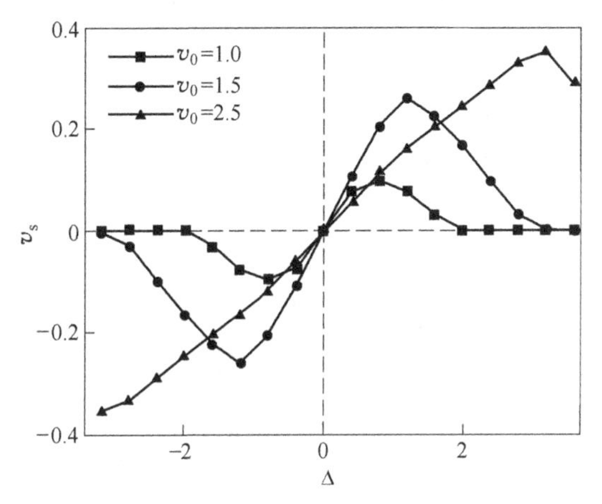

图4.5 在不同自驱动速度 v_0 下，活性粒子的平均速度 v_s 随不对称参数 Δ 的变化

（其他参数为 $D_\theta=0.01$，$D_0=0.01$）

在不同转动扩散系数 D_θ 下，平均速度随自驱动速度 v_0 的变化在图4.6描述。研究发现，存在最优值 v_0 使 v_s 达到最大值。当 $v_0\to0$ 时，粒子为被动粒子，非平衡驱动和棘齿效应消失，因此平均速度趋于零。使 $v_s\to0$ 的极限值 v_0 已在图4.6中用短箭头标注。结果显示，当 D_θ 增加时，让 $v_s\to0$ 的极限值 v_0 增加。当 v_0 增加时，自驱动力变大，粒子很容易越过势垒。当 $v_0\to\infty$，不对称效应可忽略，因此平均速度 $v_s\to0$。所以当自驱动速度合适时能增强粒子整流。此外，由于 D_θ 会抑制活性粒子整流（将在图4.7中证明），当 D_θ 增加时，峰值的位置往

v_0 增大方向移动。

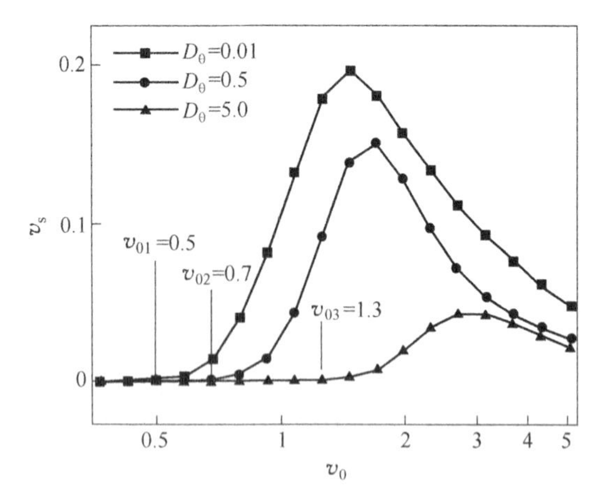

图 4.6　在不同转动扩散系数 D_θ 下，活性粒子的平均速度 v_s 随自驱动速度 v_0 的变化

（其他参数为 $\Delta=1.0$，$D_0=0.01$）

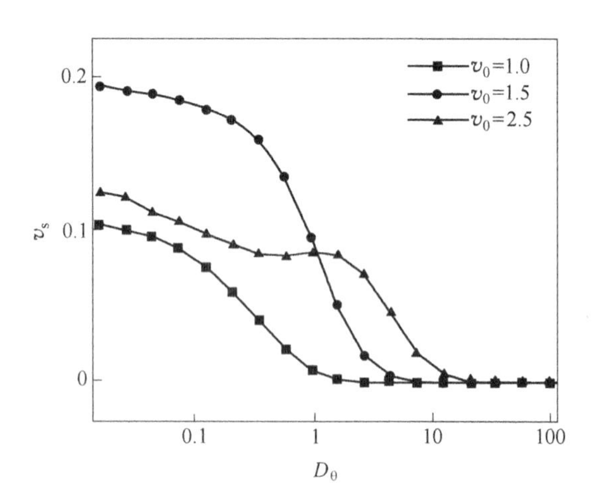

图 4.7　在不同自驱动速度 v_0 下，活性粒子的平均速度 v_s 随转动扩散系数 D_θ 的变化

（其他参数为 $\Delta=1.0$，$D_0=0.01$）

图 4.7 描述了在不同自驱动速度 v_0 下，平均速度 v_s 随转动扩散系数 D_θ 的变化。当 $D_\theta \to 0$，自驱动角度几乎不变，平均速度达到最大值，这与力热棘轮的绝热情况[49,50]类似。当 D_θ 增加，平均速度下降。当 $D_\theta \to \infty$，自驱动角度变化的很快。粒子被捕获在势阱里，因此平均速度趋于零。

在不同自驱动速度 v_0 下，平均速度 v_s 随平动扩散系数 D_0 的变化如图 4.8 所示。当 v_0=0.5 和 1.0 时，曲线呈铃铛状；而当 v_0=2.5 时，v_s 随平动扩散系数 D_0 的增加而减少。平动扩散系数 D_0 能导致两个结果：(1) 当粒子容易越过势垒时，D_0 抑制自驱动，阻碍棘齿输运；(2) 当粒子很难越过势垒时，D_0 增强了粒子整流。在 v_0=2.5 时，自驱动速度很大，粒子很容易越过势垒，结果 (1) 控制输运，所以 v_s 随 D_0 增加而减小。在 v_0=0.5 和 1.0 时，自驱动速度不够大，粒子很难越过势垒，结果 (2) 控制输运，因此 v_s 增加。当 $D_0 \to \infty$ 时，粒子扩散了多个势垒周期，不对称性可忽略，棘齿效应消失，所以 v_s 趋于零。因此，当 v_0=0.5，1.0 时，存在最优值 D_0 使整流达最大值。此外，当 v_0 增加时，峰值位置向 D_0 减小方向移动。

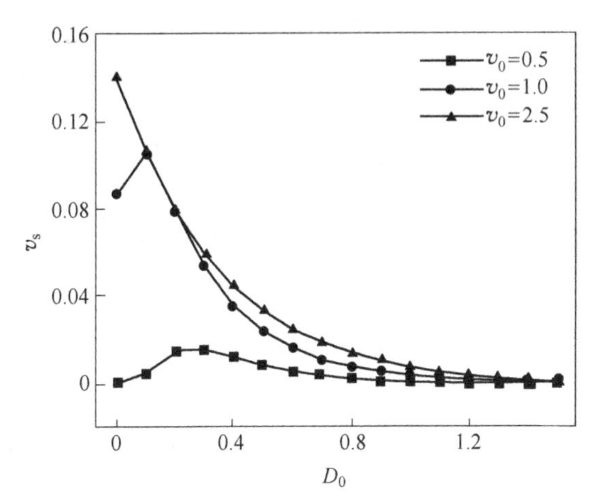

图 4.8 在不同自驱动速度下 v_0，活性粒子的平均速度 v_s 随平动扩散系数 D_0 的变化
(其他参数为 Δ=1.0，D_θ=0.01)

从以上两种情况可以看出，当 Δ>0，非平衡驱动来自于势振荡时，粒子往左运动；如果非平衡驱动来自于活性粒子自驱动，粒子往右运动。在以下讨论中，我们选择 Δ>0 的情况（见图 4.1 (b) 最底层图）。

4.3.3 时间振荡势作用下的活性粒子

现在讨论在时间振荡势下活性粒子的情况，在 Δ=1.0 时，存在两个驱动因子：(1) 导致负输运的时间振荡势；(2) 导致正输运的活性粒子的自驱动。图 4.9 描述了平均速度 v_s 振荡角频率 ω 的变化。由图 4.9 (a) 可知，由于振荡角频率 ω 和自驱动速度 v_0 的竞争，平均速度多次改变运动方向。当 ω 很小时，非平衡驱动主要来自自驱动速度 v_0，粒子向右移动，v_s>0。随着 ω 增加，振荡角频率效应变得越来越重要，平均速度越过零值，改变运动方向，粒子往左运动。接着，平均速度 v_s 达到负的最大值，最大值由 v_0 和 D_θ 决定。当继续增加 ω 时，振荡角频率效应减小，输运速度减小。自驱动速度又控制了输运，平均速度越过零值再次改变运动方向，粒子往右运动。当 $\omega\to\infty$ 时，振荡驱动效应消失，平均速度维持常数，该常数由 v_0 和 D_θ 值决定。因为自驱动速度 v_0 不变，不同 D_θ 下，波谷的位置 $\omega=1.0$ 相同。由图 4.9（b）可知，当 v_0 增大时，波谷的位置向 ω 增大方向移动。这是因为当扩散系数给定时（$D_0=0.05$），随 v_0 增加时，自驱动周期减少，ω 增加时，振荡驱动周期也减少。当这三种时间尺度相当时，平均速度达到负的最大值，波谷显示了共振特征。特别地，当 $v_0=2.5$ 时输运方向不会反转，因为自驱动速度太大，控制了整流方向。

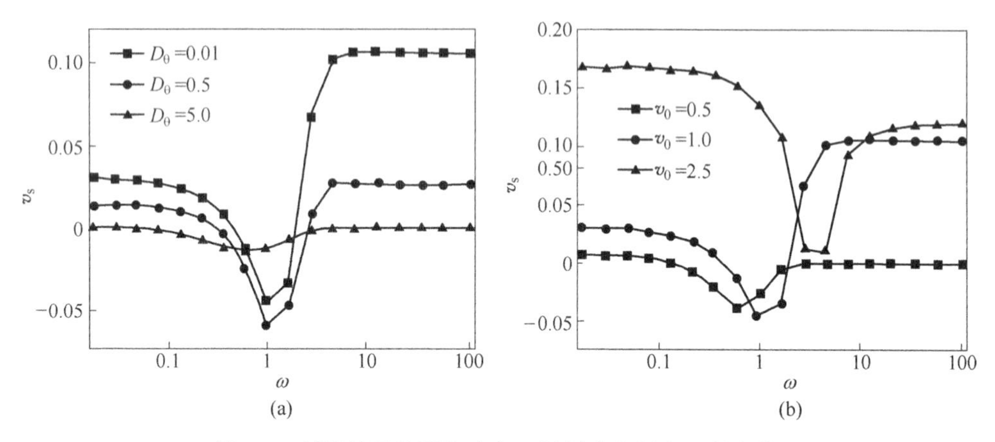

图 4.9　活性粒子的平均速度 v_s 随振荡角频率 ω 的变化

（其他参数为 $\Delta=1.0$，$D_0=0.05$）

（a）在不同转动扩散系数 D_θ 下，$v_0=1.0$；（b）在不同自驱动速度 v_0 下，$D_\theta=0.01$

图 4.10 描述平均速度 v_s 随自驱动速度 v_0 的变化。当 $v_0\to0$，粒子为被动粒子，系统恢复到 4.3.1 节，平均速度 v_s 取决于 ω 和 D_0。因为 $D_0=0.05$ 很小，所以 v_s 很小。当 v_0 增加时，我们从两种情况讨论输运行为：（1）$\omega=0.01$，10.0；（2）$\omega=1.0$。第（1）种情况下，自驱动速度控制正向输运，振荡角频率效应非常小。平均速度增加并达到最大值。当 v_0 很大时，不对称效应可忽略，平均速度趋于零。因此，曲线呈铃铛状。第（2）种情况下，振荡角频率首先控制了负向流，增加 v_0 时负向速度增加。当 v_0 继续增加，自驱动速度变得重要，正向流渐渐控制平均速度。当 $v_0\to\infty$，势可忽略，$v_s\to0$。因此，流反转发生且曲线存在一个波谷和一个波峰。值得注意的是波谷的位置是由 ω 决定。这是因为随 ω 改变，外界势驱动周期改变，这与图 4.9 结果一致。由图 4.10（b）可知，当 D_θ 增加时，峰值的位置往 v_0 增大方向移动，这是因为转动扩散系数 D_θ 抑制了活性粒子的输运。因此可以分离不同 v_0 的粒子，通过改变振荡角频率 ω 让它们往相反方向运动。

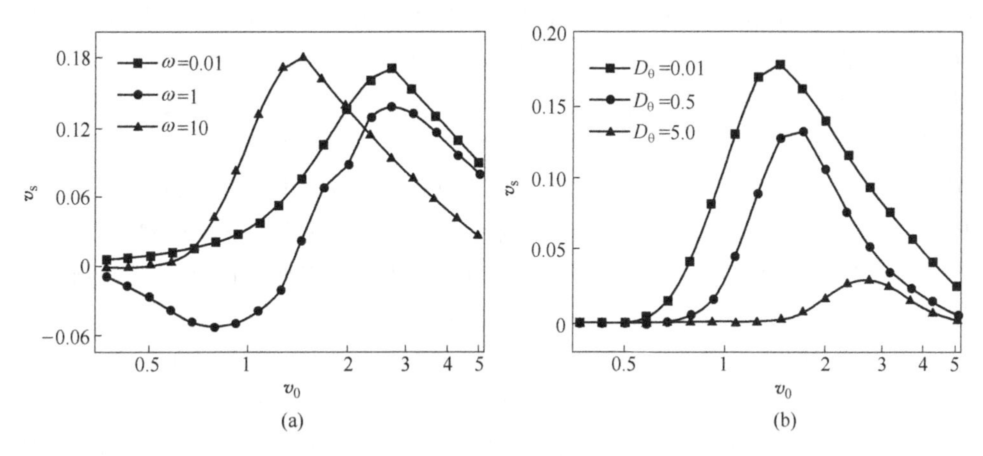

图 4.10 活性粒子的平均速度 v_s 随自驱动速度 v_0 的变化

（其他参数为 $\Delta=1.0$，$D_0=0.05$）

（a）在不同振荡角频率 ω 下，$D_\theta=0.01$；（b）在不同转动扩散系数 D_θ 下，$\omega=10.0$

图 4.11 描绘了平均速度 v_s 随转动扩散系数 D_θ 的变化。由图 4.11（a）可知，当 $\omega=0.01$ 和 10.0 时，自驱动速度 v_0 控制了输运方向。因此，粒子向右边移动，平均速度为正。当 $\omega=1.0$ 时，振荡角频率 ω 控制了整流方向，因此粒子向左移动，v_s 为负。此外，存在最优值 D_θ 使在 $\omega=1.0$ 时平均速度 v_s 最大。当 $\omega=0.01$ 和 10.0 时，平均速度 v_s 随 D_θ 增加而单调递减。可以解释如下。当 $D_\theta\to\infty$，自驱动角度变化很快，振荡力和自驱动力作用相当于白噪声。因此系统平衡，$v_s\to 0$。当 D_θ 很小时，存在两种不同情况的输运行为：（1）当 $\omega=0.01$ 和 10.0

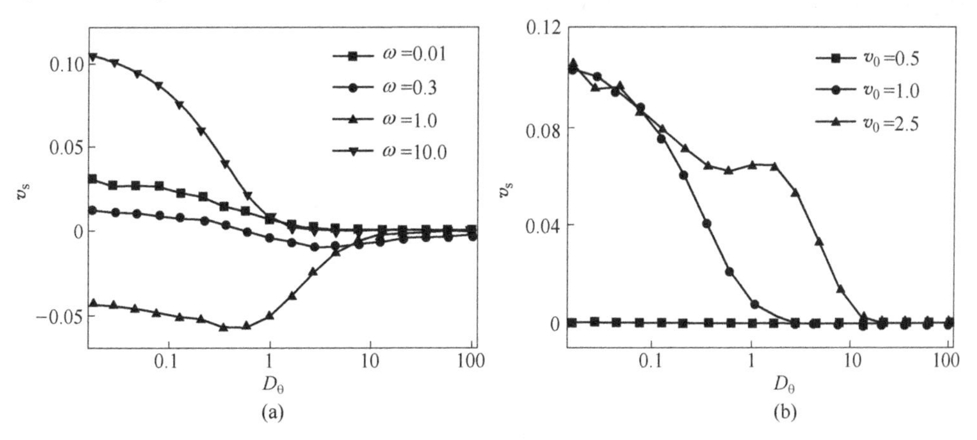

图 4.11 活性粒子的平均速度 v_s 随转动扩散系数 D_θ 的变化

（其他参数为 $\Delta=1.0$，$D_0=0.05$）

（a）不同振荡角频率 ω 下，在 $v_0=1.0$；（b）不同自驱动速度 v_0 下，在 $\omega=10.0$

时；(2) 当 $\omega=1.0$ 时。在第一种情况下，自驱动角度几乎不变，平均速度达到最大值。在第二种情况下，D_θ 的增加能导致两种结果：(Ⅰ) 激活粒子的布朗运动，增加棘齿输运；(Ⅱ) 抑制自驱动，减少棘齿输运。当 D_θ 从零增加时，Ⅰ因素控制输运，平均速度增加且达到负的最大值。当 D_θ 继续增加，Ⅱ因素起作用，v_s 减少。特别地，当 $\omega=0.3$ 时发生流反转。当 D_θ 很小时，自驱动速度 v_0 控制了输运方向，$v_s>0$。增加 D_θ 能抑制自驱动力，振荡角频率 ω 控制整流方向，平均速度跨越零值，改变方向，因此 $v_s<0$。因此，可以通过改变振荡角频率 ω 使不同 D_θ 的粒子向相反方向，从而实现粒子分离。

为了更详细地研究棘齿输运随 ω 和 D_θ 的变化，在图 4.12 (a) 描绘了平均速度 v_s 随 ω 和 D_θ 在 $v_0=1.0$ 时变化的等位图。当 ω 从零增加，$D_\theta>D_{\theta1}$时，平均速度总是非正值；当 $D_{\theta2}<D_\theta<D_{\theta1}$时，平均速度改变方向一次；当 $D_\theta<D_{\theta2}$时，平均速度改变方向两次。当 D_θ 从零增加时，$\omega<\omega_1$ 或者 $\omega>\omega_4$ ($\omega_2<\omega<\omega_3$) 时，平均速度是非负值 (非正值)；当 $\omega_1<\omega<\omega_2$ 或者 $\omega_3<\omega<\omega_4$ 时，平均速度改变方向一次。ω_1、ω_2、ω_3、ω_4、$D_{\theta1}$及 $D_{\theta2}$取决于系统参数。同时，研究发现当 $\omega=1.0$ 时存在共振，且 D_θ 增加时共振所在的 ω 值保持不变。这与图 4.9 (a) 的结果保持一致。图 4.12 (b) 描绘了平均速度 v_s 随系统参数 ω 及 v_0，在 $D_\theta=0.01$ 变化的等位图。当 ω 从零增加，$v_0>v_{01}$时，平均速度总是非负值；当$v_0<v_{01}$，平均速度改变方向两次。当 v_0 从零增加，$\omega<\omega_1$ 或 $\omega>\omega_3$ 时，平均速度是非负值；当 $\omega_1<\omega<\omega_2$ 时，平均速度改变方向一次；当 $\omega_2<\omega<\omega_3$ 时，平均速度改变方向两次以上。可以发现，当 v_0 增加时，共振的位置向 ω 增大方向移动，这与图 4.9 (b) 的结果一致。棘齿整流的共振条件由振荡角频率 ω (外驱动周期)，自驱动速度 v_0 (自驱动周期) 及平动扩散系数 D_0 (扩散时间) 决定。

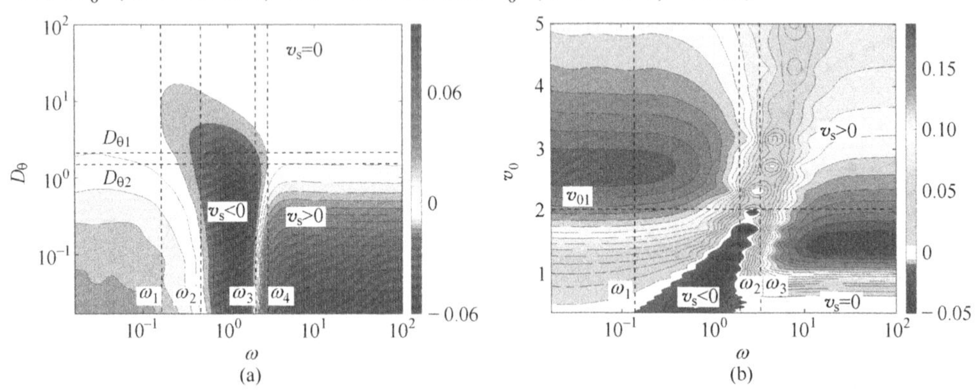

图 4.12 $v_0=1.0$ 时，平均速度 v_s 随 ω 和 D_θ 变化的等位图 (a) 和 $D_\theta=0.01$ 时，平均速度 v_s 随 ω 和 v_0 变化的等位图 (b)

(其他参数为 $\Delta=1.0$，$D_0=0.05$。虚线由郎之万方程的数值模拟得到)

图4.13描绘了在不同振荡角频率ω下，平均速度v_s随填充率ϕ的变化。研究发现在$\omega=1.0$、3.0、5.0、10.0时，平均速度$|v_s|$随ϕ的增加单调递减。这是因为ϕ增加时，粒子间的相互作用越来越重要，使自驱动力受到抑制。当$\omega=2.0$时，自驱动速度v_0效应和振荡角频率ω相当，所以起初$v_s\to 0$。随着ϕ增加，粒子间的相互作用增加了控制输运的自驱动力，因此粒子向右移动，v_s增加。随ϕ继续增加，粒子间相互作用抑制了自驱动，振荡角频率效应变得重要，平均速度越过零值，改变方向，粒子往左移动。当$\phi\to 1$时，由于粒子拥挤，v_s趋于零。

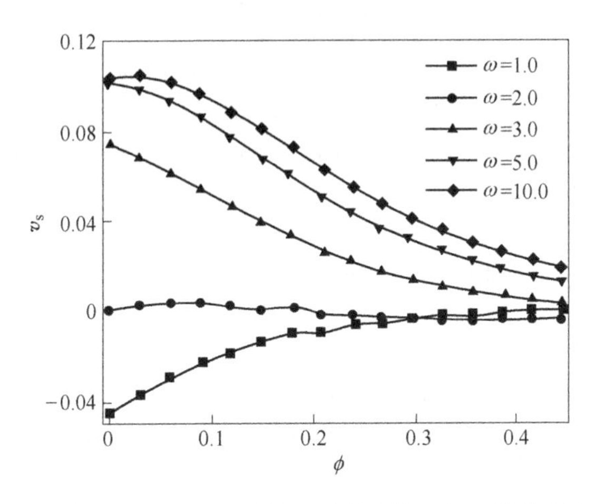

图4.13 在不同振荡角频率ω下，活性粒子的平均速度v_s随粒子填充率ϕ的变化

（其他参数为$\Delta=1.0$，$v_0=1.0$，$D_\theta=0.01$，$D_0=0.05$）

4.4 本章小结

本章数值模拟了相互作用的活性粒子在二维振荡势作用下的棘齿输运[51]。研究发现势振荡和活性粒子的自驱动是两种不同的非平衡驱动，这两种驱动能使活性粒子往相反的方向运动。（1）被动粒子在时间振荡势作用下时，非平衡驱动来自于振荡势，输运方向完全取决于势的不对称参数Δ。$\Delta<0$时，平均速度为正值；$\Delta=0$时，平均速度为零；$\Delta>0$时，平均速度为负值。平均速度是振荡角频率ω（或平动扩散系数D_0）的峰值函数，最优ω（或D_0）值能增强粒子整流，当D_0（或ω）增加时，峰值位置向ω（或D_0）增大方向移动。（2）活性粒子在静止势作用下时，非平衡驱动来自于活性粒子的自驱动速度，输运方向完全由势的不对称参数Δ决定。当$\Delta<0$时，平均速度为负值；$\Delta=0$时，平均速度为零；$\Delta>0$时，平均速度为正值。最优的自驱动速度v_0能增强粒子整流，且由于D_θ抑制了活性粒子整流，转动扩散系数D_θ增加时，峰值位置向v_0增大方向移动。（3）活

性粒子在时间振荡势作用下，非平衡驱动来自于振荡势和活性粒子自驱动两者，它们打破了系统热平衡且导致粒子往相反方向运动。当给定势的不对称参数时，输运的方向由自驱动和振荡势两者竞争决定。存在最优振荡角频率 ω（或自驱动速度 v_0）使得平均速度达到正负最大值。特别地，当振荡势与自驱动竞争时，通过控制振荡频率，平均速度可以多次改变方向，使不同自驱动速度的粒子向相反方向运动，达到分离目的。该结果为控制和操纵活性粒子的传输（或分离）提供了一种新的、方便的方法。

参考文献

[1] Hänggi P, Marchesoni F. Artificial Brownian motors: Controlling transport on the nanoscale [J]. Reviews of Modern Physics, 2009, 81 (1): 387-442.

[2] Reimann P. Brownian motors: Noisy transport far from equilibrium[J]. Physics Reports, 2002, 361 (2-4): 57-265.

[3] Zheng Z, Hu G, Hu B. Collective directional transport in coupled nonlinear oscillators without external bias [J]. Physical Review Letters, 2001, 86 (11): 2273.

[4] Marchetti M C, Joanny J F, Ramaswamy S, et al. Hydrodynamics of soft active matter [J]. Reviews of Modern Physics, 2013, 85 (3): 1143.

[5] Elgeti J, Winkler R G, Gompper G. Physics of microswimmers-single particle motion and collective behavior: a review [J]. Reports on Progress in Physics, 2015, 78 (5): 056601.

[6] Bechinger C, Di Leonardo R, Löwen H, et al. Active particles in complex and crowded environments [J]. Reviews of Modern Physics, 2016, 88 (4): 045006.

[7] Reichhardt C J O, Reichhardt C. Ratchet effects in active matter systems [J]. Annual Review of Condensed Matter Physics, 2017, 8: 51-75.

[8] Cates M E. Diffusive transport without detailed balance in motile bacteria: does microbiology need statistical physics [J]. Reports on Progress in Physics, 2012, 75 (4): 042601.

[9] Vale R D, Milligan R A. The way things move: looking under the hood of molecular motor proteins [J]. Science, 2000, 288 (5463): 88-95.

[10] Leptos K C, Guasto J S, Gollub J P, et al. Dynamics of enhanced tracer diffusion in suspensions of swimming eukaryotic microorganisms [J]. Physical Review Letters, 2009, 103 (19): 198103.

[11] Liao J, Huang X, Ai B. Transport of the moving barrier driven by chiral active particles [J]. The Journal of Chemical Physics, 2018, 148 (9): 094902.

[12] Kaiser A, Peshkov A, Sokolov A, et al. Transport powered by bacterial turbulence [J]. Physical Review Letters, 2014, 112 (15): 158101.

[13] Koumakis N, Lepore A, Maggi C, et al. Targeted delivery of colloids by swimming bacteria [J]. Nature communications, 2013, 4 (1): 1-6.

[14] Bricard A, Caussin J B, Desreumaux N, et al. Emergence of macroscopic directed motion in populations of motile colloids [J]. Nature, 2013, 503 (7474): 95-98.

[15] Mijalkov M, McDaniel A, Wehr J, et al. Engineering sensorial delay to control phototaxis and emergent collective behaviors [J]. Physical Review X, 2016, 6 (1): 011008.

[16] Kümmel F, ten Hagen B, Wittkowski R, et al. Circular motion of asymmetric self-propelling particles [J]. Physical Review Letters, 2013, 110 (19): 198302.

[17] Guidobaldi A, Jeyaram Y, Berdakin I, et al. Geometrical guidance and trapping transition of human sperm cells [J]. Physical Review E, 2014, 89 (3): 032720.

[18] Ghosh P K, Misko V R, Marchesoni F, et al. Self-propelled Janus particles in a ratchet: Numerical simulations [J]. Physical Review Letters, 2013, 110 (26): 268301.

[19] Ghosh P K, Li Y, Marchesoni F, et al. Pseudochemotactic drifts of artificial microswimmers [J]. Physical Review E, 2015, 92 (1): 012114.

[20] Pototsky A, Hahn A M, Stark H. Rectification of self-propelled particles by symmetric barriers [J]. Physical Review E, 2013, 87 (4): 042124.

[21] Potiguar F Q, Farias G A, Ferreira W P. Self-propelled particle transport in regular arrays of rigid asymmetric obstacles [J]. Physical Review E, 2014, 90 (1): 012307.

[22] Koumakis N, Maggi C, Di Leonardo R. Directed transport of active particles over asymmetric energy barriers [J]. Soft Matter, 2014, 10 (31): 5695-5701.

[23] McDermott D, Reichhardt C J O, Reichhardt C. Collective ratchet effects and rever-sals for active matter particles on quasi-one-dimensional asymmetric substrates [J]. Soft Matter, 2016, 12 (41): 8606-8615.

[24] Chen Y F, Xiao S, Chen H Y, et al. Enhancing rectification of a nano-swimmer system by multi-layered asymmetric barriers [J]. Nanoscale, 2015, 7 (39): 1645116459.

[25] Li Y, Ghosh P K, Marchesoni F, et al. Manipulating chiral microswimmers in a channel [J]. Physical Review E, 2014, 90 (6): 062301.

[26] Reichhardt C, Ray D, Reichhardt C J O. Magnus-induced ratchet effects for skyrmions interacting with asymmetric substrates [J]. New Journal of Physics, 2015, 17 (7): 073034.

[27] Reichhardt C, Reichhardt C J O. Dynamics and separation of circularly moving particles in asymmetrically patterned arrays [J]. Physical Review E, 2013, 88 (4): 042306.

[28] Ai B, Chen Q, He Y, et al. Rectification and diffusion of self-propelled particles in a two-dimensional corrugated channel [J]. Physical Review E, 2013, 88 (6): 062129.

[29] Fily Y, Baskaran A, Hagan M F. Dynamics and density distribution of strongly confined noninteracting nonaligning self-propelled particles in a nonconvex boundary [J]. Physical Review E, 2015, 91 (1): 012125.

[30] Mijalkov M, Volpe G. Sorting of chiral microswimmers [J]. Soft Matter, 2013, 9 (28): 6376-6381.

[31] Kim S, Qiu F, Kim S, et al. Magnetic Microrobots: Fabrication and Characterization of Magnetic Microrobots for Three-Dimensional Cell Culture and Targeted Transportation (Adv. Mater. 41/2013) [J]. Advanced Materials, 2013, 25 (41): 5829.

[32] Solovev A A, Xi W, Gracias D H, et al. Self-propelled nanotools [J]. Acs Nano, 2012, 6 (2): 1751-1756.

[33] Chauwin J F, Ajdari A, Prost J. Current reversal in asymmetric pumping [J]. Europhysics Letters, 1995, 32 (8): 699.

[34] Tanaka T, Nakano Y, Kasai S. GaAs-based nanowire devices with multiple asymmetric gates for electrical Brownian ratchets [J]. Japanese Journal of Applied Physics, 2013, 52 (6S): 06GE07.

[35] Salger T, Kling S, Hecking T, et al. Directed transport of atoms in a Hamiltonian quantum ratchet [J]. Science, 2009, 326 (5957): 1241-1243.

[36] Roeling E M, Germs W C, Smalbrugge B, et al. Organic electronic ratchets doing work [J]. Nature materials, 2011, 10 (1): 51-55.

[37] Sanchez-Palencia L. Directed transport of Brownian particles in a double symmetric potential [J]. Physical Review E, 2004, 70 (1): 011102.

[38] Prost J, Chauwin J F, Peliti L, et al. Asymmetric pumping of particles [J]. Physical Review Letters, 1994, 72 (16): 2652-2655.

[39] Gomez-Marin A, Sancho J M. Brownian pump powered by a white-noise flashing ratchet [J]. Physical Review E, 2008, 77 (3): 031108.

[40] Rozenbaum V M, Makhnovskii Y A, Shapochkina I V, et al. Inertial effects in adiabatically driven flashing ratchets [J]. Physical Review E, 2014, 89 (5): 052131.

[41] Levien E, Bressloff P C. Quasi-steady-state analysis of coupled flashing ratchets [J]. Physical Review E, 2015, 92 (4): 042129.

[42] Jarillo J, Tangarife T, Cao F J. Efficiency at maximum power of a discrete feedback ratchet [J]. Physical Review E, 2016, 93 (1): 012142.

[43] Radtke M, Netz R R. Ratchet effect for two-dimensional nanoparticle motion in a corrugated oscillating channel [J]. The European Physical Journal E, 2016, 39 (11): 116.

[44] Wang H Y, Bao J D. Transport optimization of coupled flashing ratchets in viscoelastic media [J]. Physica A: Statistical Mechanics and its Applications, 2017, 479: 84-90.

[45] Kedem O, Lau B, Weiss E A. Mechanisms of Symmetry Breaking in a Multidimensional Flashing Particle Ratchet [J]. ACS nano, 2017, 11 (7): 7148-7155.

[46] Kedem O, Lau B, Weiss E A. How to drive a flashing electron ratchet to maximize current [J]. Nano letters, 2017, 17 (9): 5848-5854.

[47] Denisov S, Hänggi P, Mateos J L. AC-driven Brownian motors: A Fokker-Planck treatment [J]. American Journal of Physics, 2009, 77 (7): 602-606.

[48] Bug A L R, Berne B J. Shaking-induced transition to a nonequilibrium state [J]. Physical Review Letters, 1987, 59 (8): 948.

[49] Magnasco M O. Forced thermal ratchets [J]. Physical Review Letters, 1993, 71 (10): 1477-1481.

[50] Bartussek R, Hänggi P, Kissner J G. Periodically rocked thermal ratchets [J]. Europhysics Letters, 1994, 28 (7): 459-464.

[51] Liao J J, Huang X Q, Ai B Q. Current reversals of active particles in the timeoscillating potentials [J]. Soft Matter, 2018, 14 (38): 7850-7858.

5 惯性效应下活性粒子的结晶

5.1 概述

活性胶体粒子是软物质领域中一个迅速发展及令人兴奋的研究领域[1-4]，它包括人工微泳和微生物，如细菌、肌动蛋白丝[5]、活性生物[6]、活性组织[7]、运动蛋白[8]、精子和原生动物[9,10]。这些粒子可以从环境中获得能量自主向前运动。各种各样的自驱动机制已经提出且实现，包括激光照明[11-15]，浓度梯度[16]。

其中，活性粒子的集体动力学引起了极大关注[17-22]，它以无序和有序之间转变的形式表现出迷人的非平衡状态，如自驱动诱导聚集[22-27]、涡旋形成[28,29]和群集[30,31]。Deblais 等人[27]证明了通过控制边界可以使棒状机器人形成集群和其他有趣的集体行为。Buttinoni 等人[22]研究发现在致密活性粒子中，存在大团簇和稀薄气相的分离，而小团簇则通过自驱动达到稳定。Riedel 等人[28]发现精子在平面上自组织成动态涡旋，形成具有局部六方排列的阵列。从数值和实验两个方面研究了形状在活性极性颗粒棒的群旋运动中的作用[30]。Manacorda 等人[31]提出了在晶格上移动的活性粒子系统中，活性群集相与颗粒剪切不稳定性的关系。

尽管如此，结晶和熔化却甚少受到关注[32-38]。Briand 等人[32]实验研究了具有内置极性不对称的单层振动圆盘的结晶。他们发现各向同性圆盘的准连续结晶被一种通过增加填充率向“自熔”晶体转变取代。Digregorio 等人[33]建立了自驱动粒子的完整相图，发现随自驱动的增加，六角固相向高密度移动。J. U. Klamser 等人[34]显示了具有逆幂律排斥相互作用，没有对齐作用的活性粒子的热力学相。Cugliandolo 等人[35]研究了具有幂律排斥相互作用的二维活性哑铃系统的相共存。Praetorius 等人[36]从理论上分析了球面上活性晶体的不同晶态及其缺陷。Ran Ni 等人[37]发现用活性粒子掺杂系统可以大大促进硬球玻璃的结晶。

大部分的研究结果都是在过阻尼机制（低雷诺数）下，扩散控制了系统动力学而惯性效应被忽略了。在欠阻尼机制（高雷诺数）下，能量扩散很小，惯性效应重要。惯性与自驱动的耦合将在产生的新自组织效应中发挥关键作用。本章研究是建立在活性粒子的结晶[38]基础上，研究者发现致密活性粒子在二维上发生结晶。他们利用了静态结构结晶标准和动态结晶标准发现自驱动力小时两者一致。利用熔化标准显示了液相到固相的过渡，且随自驱动力增加而增大。该过渡区域具有结构不均匀特点，即系统在全局上有序但存在无序的液相“气泡”。尽管如此，他们的结果是基于过阻尼情况，惯性活性粒子的结晶还没有研究过。本章将他们的研究扩展为欠阻尼机制下，研究致密的惯性活性粒子的相行为，同时重点研究惯性是如何影响结晶。

5.2　模型和方法

考虑二维空间中 N 个半径为 r 的惯性活性粒子。粒子的动力学特征由位置 $\boldsymbol{r}_i \equiv (x_i, y_i)$ 和极坐标 $\boldsymbol{n}_i \equiv (\cos\theta_i, \sin\theta_i)(i=1, \cdots, N)$ 下的角度 θ_i 描述。欠阻尼机制下，第 i 个粒子遵循以下耦合方程：

$$m\ddot{\boldsymbol{r}}_i(t) + \xi\dot{\boldsymbol{r}}_i(t) = \sum_{j\neq i}\boldsymbol{F}_{ij} + f_0\boldsymbol{n}_i(t) + \boldsymbol{f}_{\mathrm{st}}(t) \tag{5.1}$$

$$\boldsymbol{J}\ddot{\theta}_i(t) + \xi_{\mathrm{r}}\dot{\theta}_i(t) = \tau_0 + \tau_{\mathrm{st}}(t) \tag{5.2}$$

式中，m 为粒子质量；$\boldsymbol{J}$ 为转动惯量；f_0为自驱动力；$\xi = m\gamma$，$\xi_{\mathrm{r}} = \boldsymbol{J}\gamma_{\mathrm{r}}$ 分别为平动和转动摩擦系数；γ 和 γ_{r} 分别为平动和转动摩擦率（阻尼导数）；τ_0为来自于如双面或哑铃状粒子的常数扭矩，它会使粒子发生旋转运动。

在本章的模型中，粒子为非手征性粒子且不受对齐相互作用力；随机力 $\boldsymbol{f}_{\mathrm{st}}(t)$ 和扭矩 $\tau_{\mathrm{st}}(t)$ 为零平均的白噪声，相关函数为：

$$\overline{\boldsymbol{f}_{\mathrm{st}}(t)\boldsymbol{f}_{\mathrm{st}}(t')} = 2\sigma\delta(t-t')\boldsymbol{I} \tag{5.3}$$

$$\overline{\tau_{\mathrm{st}}(t)\tau_{\mathrm{st}}(t')} = 2\sigma_{\mathrm{r}}\delta(t-t') \tag{5.4}$$

式中，横杠线代表噪声平均；$\boldsymbol{I}$ 代表单位矩阵。

在平衡态下波动强度正比于环境温度 T 且与摩擦系数有关，根据波动耗散定理，$\sigma = \xi k_{\mathrm{B}}T$ 和 $\sigma_{\mathrm{r}} = \xi_{\mathrm{r}}k_{\mathrm{B}}T$（$k_{\mathrm{B}}$ 为玻尔兹曼常数）。对直径为 d 的球形粒子，转动扩散系数 $D_{\mathrm{r}} = 3D_0/d^2$，$D_0$ 为平动扩散系数。当 ξ 和 ξ_{r} 很小时（如在气体或稀薄系统中的粒子），粒子间的相互作用可以忽略，惯性控制动力学。当 ξ 和 ξ_{r} 很大时（如在液体中的粒子），粒子的惯性可以忽略，系统恢复到过阻尼情况。当 f_0 和 τ_0非常小时，表达式为平衡状态。在自驱动力较大时，系统不断偏离平衡，形成稳态，其中连续注入系统的能量被阻尼平衡。

$\boldsymbol{F}_{ij}$ 为粒子间的排斥相互作用。利用排斥势 Yukawa 模型来近似模拟粒子间相互作用力 $\boldsymbol{F}_{ij} = -\partial/\partial\boldsymbol{r}_i\sum_{j\neq i}u(|\boldsymbol{r}_i - \boldsymbol{r}_j|)$，$u(r)$ 为各项同性 Yukawa 势[39]：

$$u(r) = \Gamma\frac{\mathrm{e}^{-\lambda r}}{r} \tag{5.5}$$

$$\Gamma \equiv V_0 d\sqrt{\rho}/(k_{\mathrm{B}}T) \tag{5.6}$$

式中，λ^{-1} 为屏蔽长度；ρ 为粒子数密度；V_0为势强度。

通过引入长度尺度和时间尺度：$\hat{x}=\dfrac{x}{d}$，$\hat{y}=\dfrac{y}{d}$，$\hat{t}=\dfrac{t}{\tau_0}$，$\tau_0^2=\dfrac{md^2}{k_B T}$，将方程式(5.1)~式(5.2) 转化成无量纲形式

$$\frac{d^2\hat{x}}{d\hat{t}^2}=-\hat{\xi}\frac{d\hat{x}}{d\hat{t}}+\hat{F}_{ij}(\hat{x})+\hat{f}_0\cos\hat{\theta}+\sqrt{2/\hat{\xi}}\hat{\zeta}_{\hat{x}}(\hat{t}) \tag{5.7}$$

$$\frac{d^2\hat{y}}{d\hat{t}^2}=-\hat{\xi}\frac{d\hat{y}}{d\hat{t}}+\hat{F}_{ij}(\hat{y})+\hat{f}_0\cos\hat{\theta}+\sqrt{2/\hat{\xi}}\hat{\zeta}_{\hat{y}}(\hat{t}) \tag{5.8}$$

$$\frac{d^2\hat{\theta}}{d\hat{t}^2}=-\hat{\xi}_{\hat{r}}\frac{d\hat{\theta}}{d\hat{t}}+\sqrt{2/\hat{\xi}_{\hat{r}}}\hat{\zeta}_{\hat{r}}(\hat{t}) \tag{5.9}$$

式中，$\hat{\xi}=\dfrac{\xi\tau_0}{m}$，$\hat{f}_0=\dfrac{f_0 d}{k_B T}$，$\hat{\xi}_r=\dfrac{\xi_r\tau_0}{J}$。

为方便，从此处开始我们只使用无量纲量且省略方程式（5.7）~式（5.9）里所有量的上标符号。

通过四阶随机龙格库塔算法对方程式（5.7）~式（5.9）积分可以得到所有相关量的动力学行为。x 和 y 方向均使用周期边界条件。定义所有粒子所占面积与总面积之比为填充率 $\phi=\pi Nr^2/(L_xL_y)=\pi\rho r^2$。

5.3 结果和讨论

在本章的模拟中，惯性活性粒子数为 $N=2500$。总积分时间大于 10^8，积分步长小于 10^{-5}。为了让悬浮液能结晶为没有缺陷的完美六角晶体，设置模拟空间尺度满足 $L_x/L_y=2/\sqrt{3}$，固定屏蔽尺度的导数 $\lambda=3.5$，粒子之间相互作用的截断距离为 $7/\lambda=2$。除非另有说明，本章选取以下参数：$\rho=1.0$、$\phi=0.785$、$r=0.5$，改变 Γ、f_0及 ξ 的值来研究系统结晶。本章模拟了冷却和熔化两个过程，设置冷却过程的初始态（位置和角度）都是随机，粒子均匀分布。熔化过程的初始态设置为完美六角晶格，粒子取向随机的形式。参数取 $f_0=0$、1、3、5、8、10、15，$\xi=1$、2、3、4、6、33、66，且 Γ 每隔 50 运行一次。

5.3.1 静态结构结晶标准

首先利用静态结构结晶标准来研究致密惯性活性粒子的相行为。为了表征体系的结构取向特性，引入全局的键角取向序参量[40]：

$$\psi_6\equiv\left\langle\left|\frac{1}{N}\sum_{i=1}^{N}q_6(i)\right|^2\right\rangle,\ q_6(i)\equiv\frac{1}{6}\sum_{j\in\mathcal{N}(i)}e^{i6\theta_{ij}} \tag{5.10}$$

式中，θ_{ij}表示连接粒子 i 和 j 的键矢与轴之间的夹角；$\mathcal{N}(i)$ 表示第 i 个粒子的最邻近 6 个粒子。当序参量 $\psi_6=1$ 时表示完美的六方晶格；当 $\psi_6=0$ 时表示无序相。

图 5.1 绘制了冷却过程（实线）和熔化过程（虚线）的 ψ_6 值随粒子耦合强度 Γ 的变化的曲线。图 5.1（a）和（b）分别描述了 $\xi=1$ 和 $\xi=6$ 时在自驱动力为 $f_0=1$、5、8 和 10 的情况。图 5.1（c）描述了阻尼系数为 $\xi=1$ 和 $\xi=3$ 在 $f_0=8$ 的情况。研究发现存在一个明显由无序液态到有序固态的相转变过程。相变点 Γ_S^* 由 $\psi_6=0.45$ 决定，这是根据过阻尼情况[38,41]时从 $\psi_6=0$ 到 $\psi_6=0.45$ 的突然转变来确定的，保持这个标准将其用于欠阻尼情况（有惯性项）。ψ_6表现出和过阻尼情况下[38]相似的行为，只在 Γ 很小时稍有不同。在 Γ 很小时，ψ_6不为零，且相比于过阻尼情况随 Γ 增加而增加的更缓慢。图 5.1（b）和（c）显示 ξ 很大，f_0很小时相变很陡峭。也就是说，对于较大 f_0 和较小 ξ 的结构相变更为缓慢。

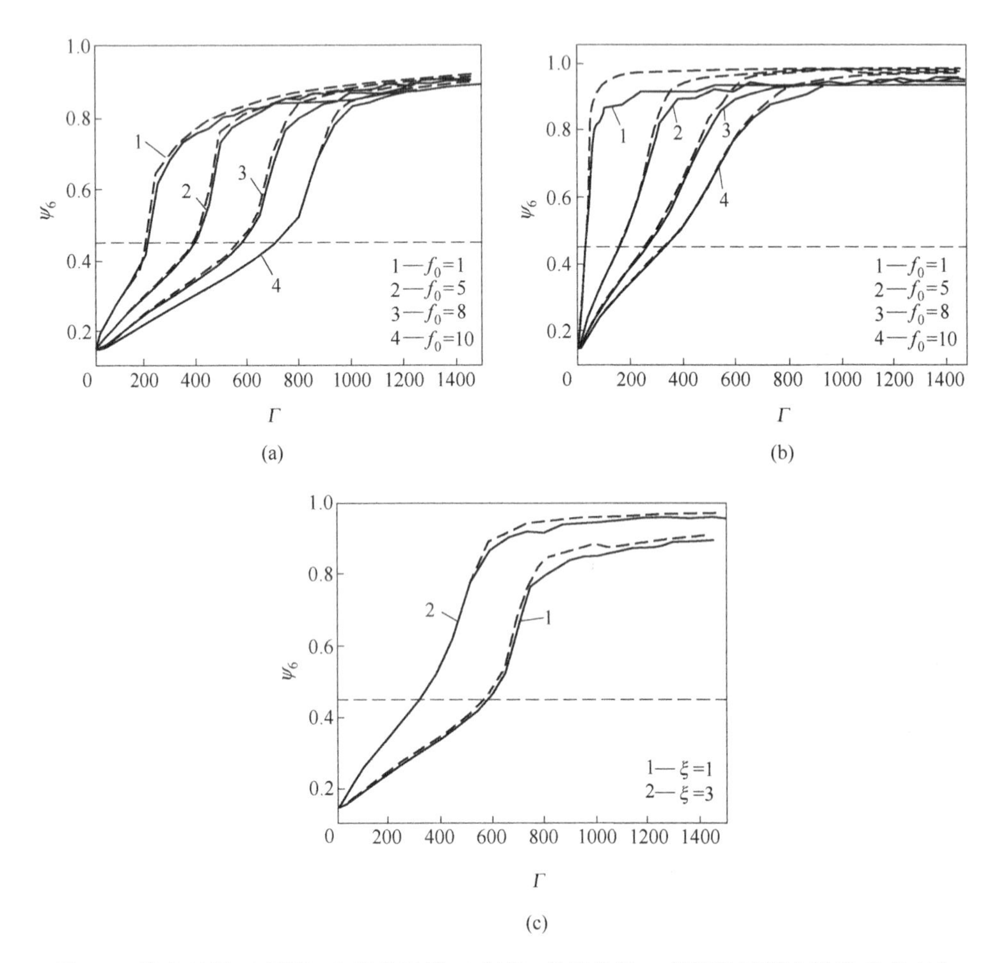

图 5.1　冷却过程（实线）和熔化过程（虚线）的序参量 ψ_6 值随粒子耦合强度 Γ 的变化

（与水平虚线交叉点为结构相变点 Γ_S^*（ψ_6 = 0.45）的位置）

（a）不同自驱动力 f_0 下，$\xi=1$；（b）不同自驱动力 f_0 下，$\xi=6$；（c）不同阻尼系数 ξ 下，$f_0=8$

注意到当f_0减小或者ξ增大时，过渡点Γ_S^*向Γ减小方向移动。换句话说，惯性阻碍了活性粒子的结晶。从冷却和熔化曲线可以看出无序到有序相变没有滞后现象。此外，序参量在大的$\xi(\xi=6)$和小的$f_0(f_0=1)$处突然变化。

5.3.2 动态结晶标准

为进一步研究，文献［38］中用了动态结晶标准，该标准由长时间扩散系数的急剧下降得到：

$$D \equiv \lim_{t\to\infty} \frac{1}{4t}\langle |\Delta \boldsymbol{r}_i(t)|^2\rangle \tag{5.11}$$

式中，$\Delta \boldsymbol{r}_i(t) \equiv \boldsymbol{r}_i(t) - \boldsymbol{r}_i(0)$。

图5.2描述了冷却过程（实线）和熔化过程（虚线）的长时间扩散系数D的半对数值随粒子耦合强度Γ的变化。从冷却曲线和熔化曲线上也可以观察到无序到有序转变没有滞后现象。结晶点Γ_D^*为$D=0.086$时的Γ值，这是根据过阻尼情况[38,43]下，$D=0.086$时发生急剧下降得到。从图5.2（a）发现，与不考虑惯性的情况[38]相比，扩散系数D具有相似的行为。唯一区别是当f_0较大时，欠阻尼情况下的Γ_D^*大于过阻尼情况下的Γ_D^*。这是因为当f_0较大时惯性效应抑制自驱动力的作用，阻碍结晶。从图5.2（b）和5.2（c）可知，f_0越大，ξ越小，相变越缓慢。值得注意的是增大ξ和减小f_0时的相变点向Γ减小方向移动。这是因为ξ越小，惯性效应对自驱动力的抑制作用越大。在f_0很大，ξ和Γ很小时，扩散系数D超过1。特别地，相变点Γ_D^*在大$\xi(\xi=6)$，小$f_0(f_0=1)$处非常小。

5.3.3 修正的 Lindemann 标准

因为随系统尺寸增大均方位移在长时间扩散，因此不适合区分液相和固相。本节我们使用修正的Lindemann标准来研究惯性活性粒子的动态行为。这一动态标准从固态开始，减小Γ的熔化过程。它给出了固态区域的下限。当粒子振荡位移达到某一晶格间距时熔化开始。使用修正的Lindemann参数[44]：

$$\gamma_L(t) \equiv \frac{\langle |\Delta \boldsymbol{r}_i(t) - \Delta \boldsymbol{r}_j(t)|^2\rangle}{2a^2} \tag{5.12}$$

式中，$\Delta \boldsymbol{r}_i(t) \equiv \boldsymbol{r}_i(t) - \boldsymbol{r}_i(0)$；$i$和$j$表示初始相邻的两个粒子；$a \equiv 2^{1/2}3^{-1/4} \approx 1.075$是六方晶体的晶格间距。

在固态时，均方相邻粒子位移γ_L出现平稳趋势；而在液态则会长期发散。因此，熔点由最小值Γ_L^*决定，在该点我们能观察到平稳状态。图5.3（a）和5.3（b）描述了Lindemann参数随时间的变化。当$\xi=1$，$f_0=8$时，熔点为$\Gamma_L^*=$

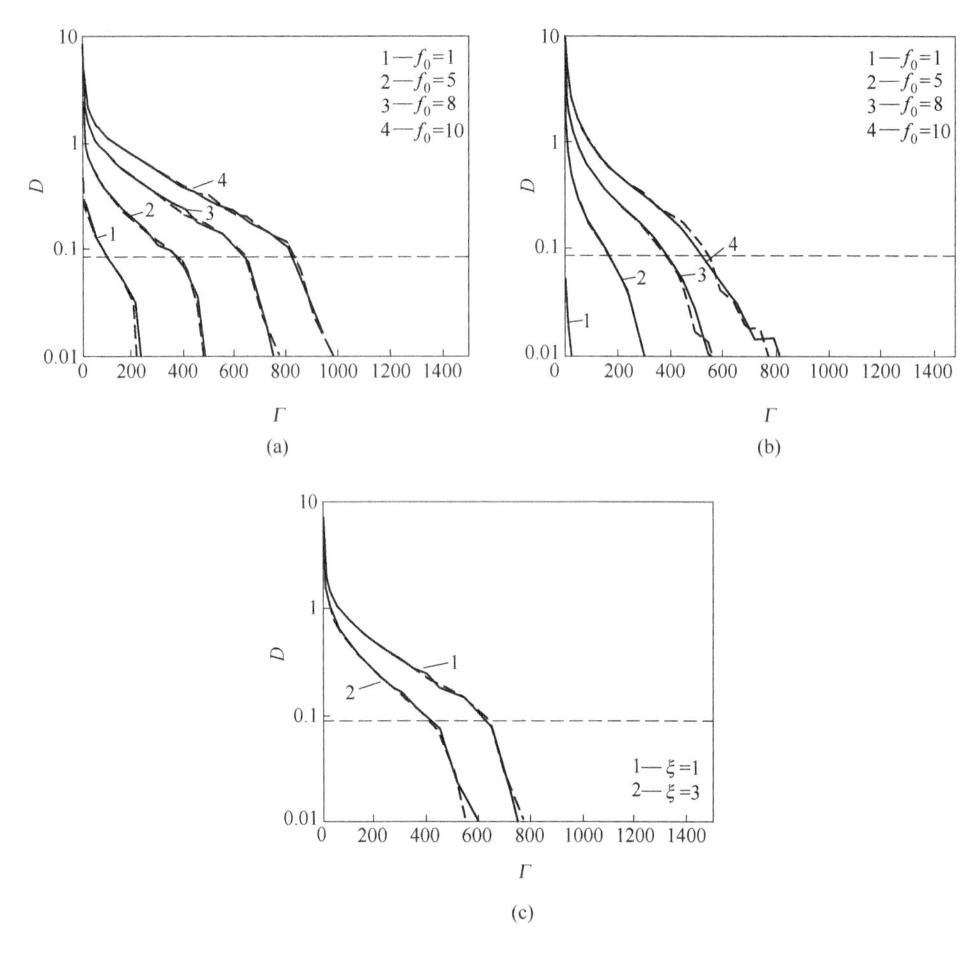

图 5.2　冷却过程（实线）和熔化过程（虚线）的长时间扩散系数 D 的半对数值随粒子耦合强度 Γ 的变化

（与水平虚线交叉点为动态结晶点 Γ_D^*（D=0.086）的位置）

（a）不同自驱动力 f_0 下，ξ=1；（b）不同自驱动力 f_0 下，ξ=6；（c）不同阻尼系数 ξ 下，f_0=8

790（见图 5.3（a））；当 $\xi=6$，$f_0=8$ 时，熔点为 $\Gamma_L^*=650$（见图 5.3（b））。熔点 Γ_L^* 随 ξ 的增大而降低。图 5.3（c）绘制了 $\xi=1$ 及 $\xi=6$ 时，Lindemann 参数平稳时的 γ_L^* 随自驱动力 f_0 的变化。γ_L^* 随 ξ 或 f_0 的增加而减小。结果表明惯性效应有助于粒子的熔化，同时抑制结晶，这与图 5.1 和图 5.2 结果一致。

5.3.4　相图

图 5.4（a）和（b）分别给出了 $\xi=1$ 及 $\xi=6$ 时在 f_0-Γ 平面上的相图。点实线分别表示动态结晶标准 Γ_D^* 和修正的 Lindemann 标准 Γ_L^*。三条虚线代表等结

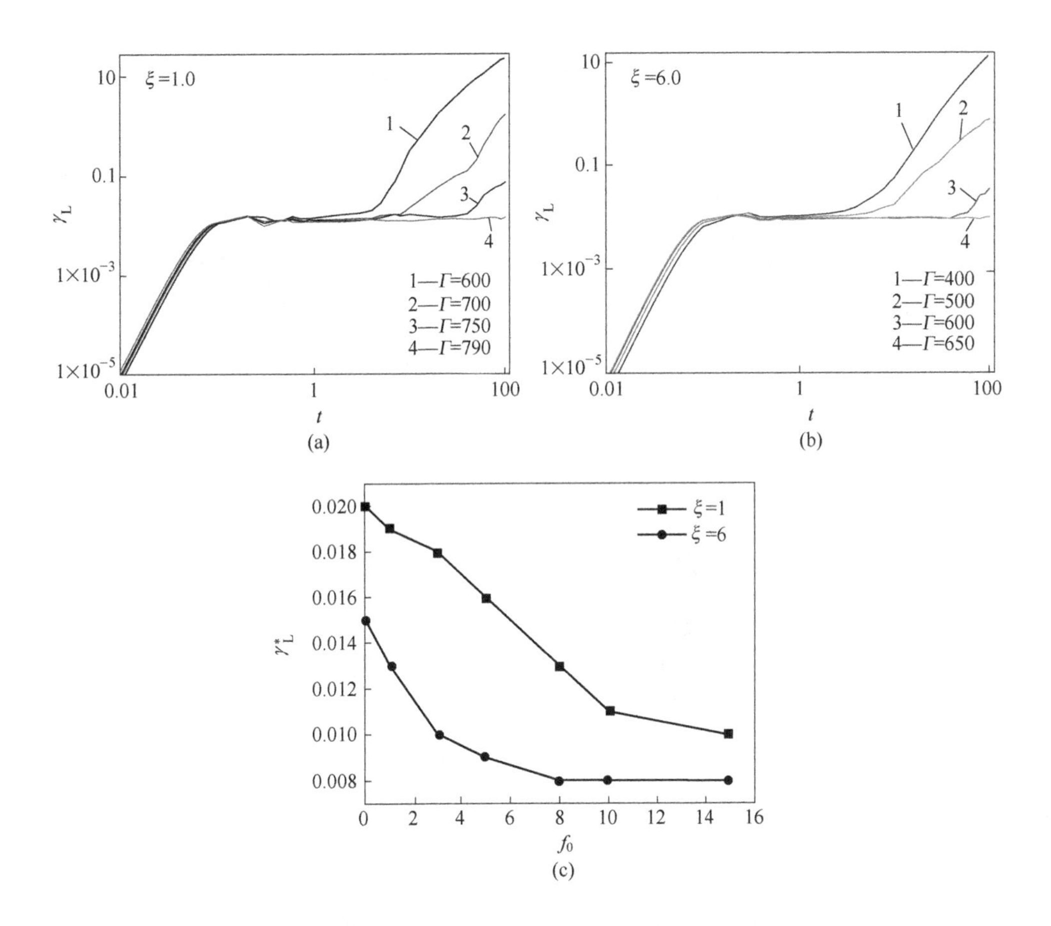

图 5.3 Lindemann 参数 γ_L 随时间 t 的变化

（a）在熔点 $\Gamma_L^* \approx 790$ 以下，$\xi=1$ 及 $f_0=8$ 时；（b）在熔点 $\Gamma_L^* \approx 650$ 以下，$\xi=6$ 及 $f_0=8$ 时；

（c）$\xi=1$ 及 $\xi=6$ 时，Lindemann 参数平稳时的 γ_L^* 随自驱动力 f_0 的变化

构线，其中 ψ_6 为常数。粗虚线表示静态结构结晶标准 $\psi_6=0.45$，其余两条虚线分别为 $\psi_6=0.67$ 及 $\psi_6=0.8$。在过阻尼情况下，静态结构结晶标准和动态结晶标准在自驱动力小的时候是一致的[38]。而在图 5.4（a）和（b）的欠阻尼情况下，两种标准无论在自驱动力大或小时均不同。这是由于扩散和惯性效应的竞争所致。Γ_D^* 曲线是液态区的上边界，Γ_L^* 是固态区的下边界。在自驱动力很小时，$\Gamma_S^* > \Gamma_D^*$；而当自驱动力很大时，$\Gamma_S^* < \Gamma_D^*$。随着 ξ 减小，两条曲线的交叉点向 f_0 增大方向移动。过渡区域 $\Gamma_D^* < \Gamma < \Gamma_L^*$ 在 $\xi=1$ 时几乎保持不变，而对于 $\xi=6$ 时随 f_0 增大而范围增大。ξ 越大，过渡区域范围越大。当静态和动态准则都满足的时候，修正的 Lindemann 准则还没有满足。当自驱动力很大时，图 5.4（a）的 $\psi_6=0.8$ 曲线与过渡区域交叉，而图 5.4（b）的 $\psi_6=0.8$ 曲线总是待在过渡区域

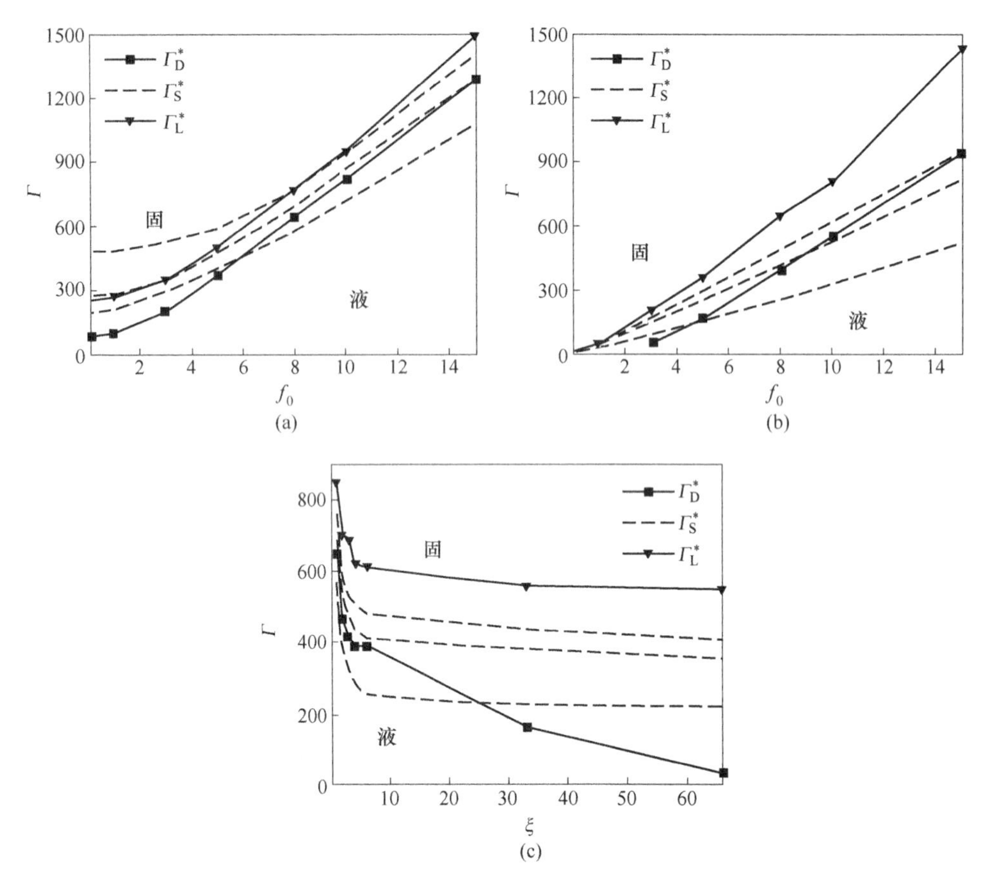

图 5.4　f_0-Γ 平面上的相图和 ξ-Γ 平面上的相图

（图中的—■—线和—▼—线分别代表数值估算的动态结晶线 Γ_D^* 和熔化线 Γ_L^*。靠近 $\Gamma=0$ 处的虚线表示静态结构结晶标准 $\psi_6=0.45$ 的等结构线；其他线分别代表 $\psi_6=0.67$ 和 $\psi_6=0.8$ 时的等结构线）

（a）$\xi=1$；（b）$\xi=6$；（c）$f_0=8$

里面。也就是说尽管修正的 Lindemann 参数还没有达到平稳，系统已经高度有序了。随 ξ 增加，过渡区域的位置往 Γ 减小的方向向下移动，这是因为增加的惯性抑制了自驱动力效应。图 5.4（c）绘制了 $f_0=8$ 时在 ξ-Γ 平面的相图。研究发现三种标准在 ξ 小的时候急剧下降，而在 ξ 大的时候缓慢降低。当 ξ 小时，$\Gamma_S^*<\Gamma_D^*$；当 ξ 大时，$\Gamma_S^*>\Gamma_D^*$。随 ξ 增大，过渡区域变得更大，这与图 5.4（a）和（b）结果一致。当 ξ 小时，$\psi_6=0.45$ 曲线与过渡区域交叉；当 ξ 大时，$\psi_6=0.45$ 曲线始终待在过渡区域中。因此每一个标准可以定义一个有效温度，但相变点随自驱动力和惯性的变化却不一致。

5.3.5 粒子构型图

为了更深入直观地研究每个粒子的局部环境，引入局域序参量 $\overline{q}_6(i)$ 来测量粒子与它最近邻的六个粒子的结构相关性[45]：

$$\overline{q}_6(i) \equiv Re \frac{1}{6} \sum_{j \in \mathcal{N}(i)} q_6(j) q_6^*(j) \tag{5.13}$$

参量 $\overline{q}_6(i)$ 能很清楚地区分液态和固态。

图 5.5 描述了 $\overline{q}_6$在 $\xi=1$（虚线）和 $\xi=6$（实线）下的概率分布。在液态时，即 $\psi_6=0.1$，$\xi=1$ 和 $\xi=6$ 的概率分布图没有明显差别。这是因为在 Γ 小时，惯性效应不明显，扩散控制动力学，这与图 5.2（a）和 5.2（b）中 $f_0=8$ 时的情况一致。当 $\psi_6=0.45$ 时，两种情况的分布图仍为液相且相差不大，与图 5.4（a）和（b）的结果一致。此外，无序粒子数与有序粒子数几乎相等。当 $\psi_6=0.67$ 时，$\xi=6$ 时的结构比 $\xi=1$ 时的结构略微有序。这两种情况均在 $\overline{q}_6$较高时出现峰值，$\overline{q}_6$ 较小时出现明显的尾部。这在图 5.4（a）和 5.4（b）中也可知，$\psi_6=0.67$ 等值线在 $\xi=6$ 时的相图中与动态结晶线交叉；而在 $\xi=1$ 时总是待在过渡区域。当 $\psi_6=0.8$ 时，两者不同更加明显，$\xi=1$ 时的结构更无序且长尾没有延伸到无序粒子。原因是当 Γ 很大时，惯性效应越来越重要，增加的惯性抑制了自驱动力的效应。$\xi=1$ 时的 $\psi_6=0.8$ 等值线与相图中的动态熔化线交叉且待在固态区，而 $\xi=6$ 时的等值线一直待在过渡区域。

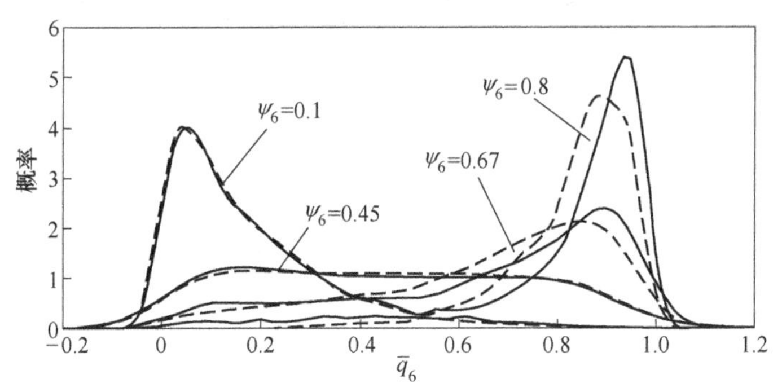

图 5.5 $\overline{q}_6$在 $\psi_6=0$、0.45、0.67 和 0.8 时，$\xi=1$（虚线）和 $\xi=6$（实线）下的概率分布

图 5.6 描述了在 $f_0=8$ 时，$\xi=1$（见图 5.6（a）~（d））和 $\xi=6$（见图 5.6（e）~（h））的粒子构型图。我们可以直观地看到与图 5.5 中的 $\overline{q}_6$ 分布一致的结果。图 5.6（a）及图 5.6（e）（$\psi_6=0.1$），两种结构都是相似的液相且无结构差异。图 5.6（b）及图 5.6（f）($\psi_6=0.45$)和图 5.6(c)及图 5.6(g)（$\psi_6=0.67$），

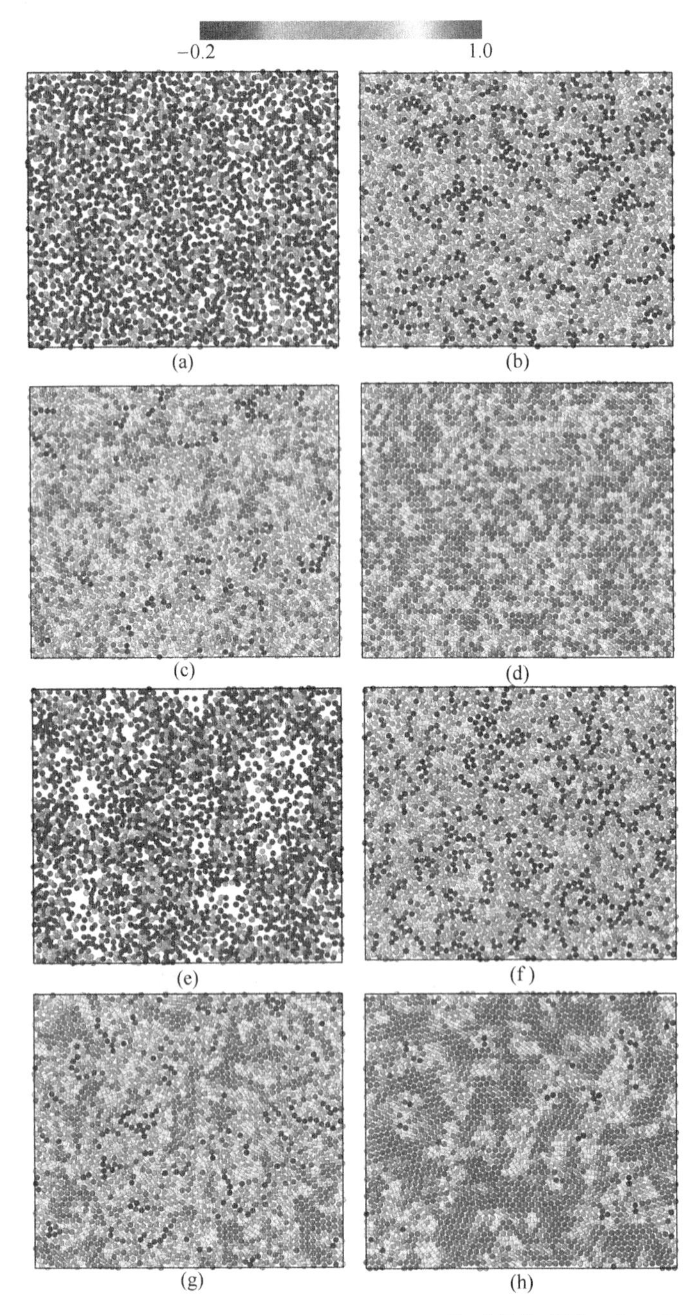

图 5.6　当 $f_0=8$ 时，$\xi=1$（a~d）和 $\xi=6$（e~h）粒子的构型图（每一行对应一个常数 ψ_6：从上到下分别为 $\psi_6\approx0.1$（71，21），0.45（580，250），0.67（697，415），0.8（770，481）。括号中分别为 $\xi=1$ 和 $\xi=6$ 的 Γ 的值。根据 $\overline{q}_6$的值，粒子具有不同颜色。液态相（(a)、(b)、(e)、(f)）基本相同，过渡区域（(c)、(d)、(g)、(h)）为异质结构）

结构差异越来越大。图 5.6（d）及图 5.6（h）（$\psi_6=0.8$），我们可以看到 $\xi=6$ 下的结构总体上更有序，但存在分离良好的液相“气泡”。$\xi=1$ 下结构更无序但更均匀。特别地，当 $\xi=1$ 时很难结晶成完美的六方晶体，因为惯性效应，它需要 Γ 很大时才能结晶。

5.4 本章小结

本章采用静态结构结晶标准、动态结晶标准以及修正的 Lindemann 参数熔化标准，数值研究了二维惯性活性粒子的相行为[46]。研究发现致密的惯性活性粒子可以结晶。与过阻尼活性粒子相比，惯性阻碍了活性粒子的结晶。当使用静态结构结晶标准和动态结晶标准时，给定阻尼系数下，全局结构序参量 ψ_6 和扩散系数 D 是不同的且在任何自驱动力下都不一致；对于较大的 f_0 或较小的 ξ，ψ_6 和 D 变化更缓慢。当 f_0 减小或 ξ 增大时，相变点 Γ_S^* 和 Γ_D^* 向 Γ 减小方向移动。从冷却和熔化曲线看，无序到有序转变没有滞后现象。当使用修正的 Lindemann 参数熔化标准（给出固态区域的下限）时，熔点 Γ_L^* 随 ξ 的增大而减小，Lindemann 参数平稳值 γ_L^* 随 ξ 或 f_0 的增大而减小。这是因为增加的惯性抑制了自驱动力效应，过渡区域 $\Gamma_D^*<\Gamma<\Gamma_L^*$ 增大，且过渡区域位置 ξ 增大向 Γ 减小方向向下移动。这三种标准均在 ξ 较高时急剧变化，在 ξ 较低时变化较缓慢。在液相时，因为扩散控制动力学，所以不同 ξ 下的结构无差异；随 ψ_6 增大两者结构差异变大；当 $\psi_6=0.8$ 时，大 ξ 的结构总体上更有序，曲线延伸到无序粒子即存在液态“气泡”。此外，由于惯性效应，ξ 很小时很难结晶成完美的六方晶格，需要很大的 Γ。

研究结果为智能材料的设计开辟了新的途径，可在一些与惯性有关的现实活性物质中实现，如尘埃等离子体[47]中的 Janus 粒子（空气，甚至真空）、稀薄系统中的颗粒物质、活性微二极管[48]等。

参考文献

[1] Marchetti M C, Joanny J F, Ramaswamy S, et al. Hydrodynamics of soft active matter [J]. Reviews of Modern Physics, 2013, 85 (3): 1143-1188.

[2] Elgeti J, Winkler R G, Gompper G. Physics of microswimmers-single particle motion and collective behavior: a review [J]. Reports on Progress in Physics, 2015, 78 (5): 056601.

[3] Bechinger C, Di Leonardo R, Löwen H, et al. Active particles in complex and crowded environments [J]. Reviews of Modern Physics, 2016, 88 (4): 045006.

[4] Ramaswamy S. The mechanics and statistics of active matter [J]. Annual Review of Condensed Matter Physics, 2010, 1 (1): 323-345.

[5] Köhler S, Schaller V, Bausch A R. Structure formation in active networks [J]. Nature Materials, 2011, 10 (6): 462-468.

[6] Guillamat P, Ignés-Mullol J, Sagués F. Control of active liquid crystals with a magnetic field

[J]. Proceedings of the National Academy of Sciences, 2016, 113 (20): 5498-5502.

[7] Poujade M, Grasland-Mongrain E, Hertzog A, et al. Collective migration of an epithelial monolayer in response to a model wound [J]. Proceedings of the National Academy of Sciences, 2007, 104 (41): 15988-15993.

[8] Sanchez T, Chen D T N, DeCamp S J, et al. Spontaneous motion in hierarchically assembled active matter [J]. Nature, 2012, 491 (7424): 431-434.

[9] Romanczuk P, Bär M, Ebeling W, et al. Active brownian particles [J]. The European Physical Journal Special Topics, 2012, 202 (1): 1-162.

[10] Cates M E. Diffusive transport without detailed balance in motile bacteria: does microbiology need statistical physics? [J]. Reports on Progress in Physics, 2012, 75 (4): 045006.

[11] Volpe G, Buttinoni I, Vogt D, et al. Microswimmers in patterned environments [J]. Soft Matter, 2011, 7 (19): 8810-8815.

[12] Buttinoni I, Volpe G, Kümmel F, et al. Active Brownian motion tunable by light [J]. Journal of Physics: Condensed Matter, 2012, 24 (28): 284129.

[13] Palacci J, Sacanna S, Vatchinsky A, et al. Photoactivated colloidal dockers for cargo transportation [J]. Journal of the American Chemical Society, 2013, 135 (43): 15978-15981.

[14] Palacci J, Sacanna S, Kim S H, et al. Light-activated self-propelled colloids [J]. Philosophical Transactions of the Royal Society A: Mathematical, Physical and Engineering Sciences, 2014, 372 (2029): 20130372.

[15] Moyses H, Palacci J, Sacanna S, et al. Trochoidal trajectories of self-propelled Janus particles in a diverging laser beam [J]. Soft Matter, 2016, 12 (30): 6357-6364.

[16] Paxton W F, Kistler K C, Olmeda C C, et al. Catalytic nanomotors: autonomous movement of striped nanorods [J]. Journal of the American Chemical Society, 2004, 126 (41): 13424-13431.

[17] Vicsek T, Czirók A, Ben-Jacob E, et al. Novel type of phase transition in a system of self-driven particles [J]. Physical Review Letters, 1995, 75 (6): 1226-1229.

[18] Couzin I D, Krause J, James R, et al. Collective memory and spatial sorting in animal groups [J]. Journal of Theoretical Biology, 2002, 218 (1): 1-12.

[19] Narayn V, Ramaswamy S, Menon N. Long-lived giant number fluctuations in a swarming granular nematic [J]. Science, 2007, 317 (5834): 105-108.

[20] Deseigne J, Dauchot O, Chaté H. Collective motion of vibrated polar disks [J]. Physical Review Letters, 2010, 105 (9): 098001.

[21] Cates M E, Tailleur J. Motility-induced phase separation [J]. Annual Review of Condensed Matter Physics, 2015, 6 (1): 219-244.

[22] Buttinoni I, Bialké J, Kümmel F, et al. Dynamical clustering and phase separation in suspensions of self-propelled colloidal particles [J]. Physical Review Letters, 2013, 110 (23): 238301.

[23] Giomi L, Hawley-Weld N, Mahadevan L. Swarming, swirling and stasis in sequestered bristle-bots [J]. Proceedings of the Royal Society A: Mathematical, Physical and Engineering Sciences, 2013, 469 (2151): 20120637.

[24] Palacci J, Sacanna S, Steinberg A P, et al. Living crystals of light-activated colloidal surfers [J]. Science, 2013, 339 (6122): 936-940.

[25] Fily Y, Marchetti M C. Athermal phase separation of self-propelled particles with no alignment [J]. Physical Review Letters, 2012, 108 (23): 235702.

[26] Theurkauff I, Cottin-Bizonne C, Palacci J, et al. Dynamic clustering in active colloidal suspensions with chemical signaling [J]. Physical Review Letters, 2012, 108 (26): 268303.

[27] Deblais A, Barois T, Guerin T, et al. Boundaries control collective dynamics of inertial self-propelled robots [J]. Physical Review Letters, 2018, 120 (18): 188002.

[28] Riedel I H, Kruse K, Howard J. A self-organized vortex array of hydrodynamically entrained sperm cells [J]. Science, 2005, 309 (5732): 300-303.

[29] Wensink H H, Dunkel J, Heidenreich S, et al. Meso-scale turbulence in living fluids [J]. Proceedings of the National Academy of Sciences, 2012, 109 (36): 1430814313.

[30] Kudrolli A, Lumay G, Volfson D, et al. Swarming and swirling in self-propelled polar granular rods [J]. Physical Review Letters, 2008, 100 (5): 058001.

[31] Manacorda A, Puglisi A. Lattice model to derive the fluctuating hydrodynamics of active particles with inertia [J]. Physical Review Letters, 2017, 119 (20): 208003.

[32] Briand G, Dauchot O. Crystallization of self-propelled hard discs [J]. Physical Review Letters, 2016, 117 (9): 098004.

[33] Digregorio P, Levis D, Suma A, et al. Full phase diagram of active Brownian disks: From melting to motility-induced phase separation [J]. Physical Review Letters, 2018, 121 (9): 098003.

[34] Klamser J U, Kapfer S C, Krauth W. Thermodynamic phases in two-dimensional active matter [J]. Nature Communications, 2018, 9 (1): 1-8.

[35] Cugliandolo L F, Digregorio P, Gonnella G, et al. Phase coexistence in two-dimensional passive and active dumbbell systems [J]. Physical Review Letters, 2017, 119 (26): 268002.

[36] Praetorius S, Voigt A, Wittkowski R, et al. Active crystals on a sphere [J]. Physical Review E, 2018, 97 (5): 052615.

[37] Ni R, Stuart M A C, Dijkstra M, et al. Crystallizing hard-sphere glasses by doping with active particles [J]. Soft Matter, 2014, 10 (35): 6609-6613.

[38] Bialké J, Speck T, Löwen H. Crystallization in a dense suspension of self-propelled particles [J]. Physical Review Letters, 2012, 108 (16): 168301.

[39] Ivlev A, Löwen H, Morfill G, et al. Complex plasmas and colloidal dispersions: particle-resolved studies of classical liquids and solids [M]. 2012.

[40] Steinhardt P J, Nelson D R, Ronchetti M. Bond-orientational order in liquids and glasses [J]. Physical Review B, 1983, 28 (2): 784-805.

[41] Hartmann P, Kalman G J, Donkó Z, et al. Equilibrium properties and phase diagram of two-dimensional Yukawa systems [J]. Physical Review E, 2005, 72 (2): 026409.

[42] Löwen H. Melting, freezing and colloidal suspensions [J]. Physics Reports, 1994, 237 (5): 249-324.

[43] Löwen H. Dynamical criterion for two-dimensional freezing [J]. Physical Review E, 1996, 53 (1): R29-R32.

[44] Zahn K, Maret G. Dynamic criteria for melting in two dimensions [J]. Physical Review Letters, 2000, 85 (17): 3656-3659.

[45] Lechner W, Dellago C. Accurate determination of crystal structures based on averaged local bond order parameters [J]. The Journal of Chemical Physics, 2008, 129 (11): 114707.

[46] Liao Jingjing, Lin Fujun, Ai Baoquan. Inertial on crystallization of inertial active particles [J]. Physica A, 2021, 582: 126251.

[47] Ivlev A V, Bartnick J, Heinen M, et al. Statistical mechanics where Newton's third law is broken [J]. Physical Review X, 2015, 5 (1): 011035.

[48] Sharma R, Velev O D. Remote Steering of Self-Propelling Microcircuits by Modulated Electric Field [J]. Advanced Functional Materials, 2015, 25 (34): 5512-5519.

6 混合手征活性粒子的分离

6.1 概述

生物和物理系统中的活性物质的非平衡特性在理论和实验上已有广泛研究[1-6]。与被动粒子不同，活性粒子（也称自驱动力粒子或微泳）能从环境中吸收能量并转化为定向运动。例如，自驱动分子马达可以通过消耗活细胞中 ATP 水解产生的化学能来进行定向运动[7]，大肠杆菌通过鞭毛来向前运动[8]等。当活性粒子结构对称且受到自身驱动力作用时，它只做线性运动[9]。如果它受到一个扭矩，则称为手征活性粒子，由于自驱动力与驱动方向不在一条直线上，它将在二维上做圆周运动，在三维上做螺旋运动[10]。该类新型活性粒子可以在手征活性流体[11]和许多微生物中找到，如精子[12]、大肠杆菌[13]及单核细胞增多性李司忒氏菌[14]等。另一方面，近年来，受反馈作用的非平衡系统得到了广泛的研究[15-19]。由于反馈作用，系统的动力学变得与历史运动有关。反馈可以通过激光阱[18,20-26]的外部编程（反馈回路[24,27,28]）来实现。此外，反馈也可能出现在自化学反应粒子中，即粒子本身是它们所反应的化学物质的产生机制的一部分。如细菌[29]、兵蚁[30]及合成微粒[31]。

混合活性物质的分离技术对于科学和工程研究极为重要[32-55]。通常对三种类型的混合粒子实现分离。（1）对不同性质的活性粒子混合物的分离。在外加势的作用下，根据有效扩散系数的不同能够实现两种粒子混合物的分离[33]；利用离心分离技术或利用非对称障碍物可以分离不同迁移率的自驱动粒子[34,35]；利用自驱动人工微泳粒子能够实现两种胶体混合物的分离[36]。此外，Weber 等人[37]研究了粒子间相互作用对相同尺寸不同扩散系数的混合粒子分离的影响，他们发现仅不同扩散系数就足以驱动两种胶体混合物相分离；Costanzo 等人[38]提出了一种在微通道中分离不同迁移率粒子的方法。（2）对主动粒子和被动粒子混合物的分离。Stenhammar 等人[39]研究了主动粒子和被动粒子组成的单分散混合物的相行为和动力学，结果表明，主动粒子的运动可以触发相分离。另外，在被动粒子和偏心主动粒子的混合体中，当主动粒子的偏心度足够大时，偏心粒子可以推动被动粒子形成一个大而密的动态团簇[40]。McCandlish 等人[41]实现了在二维空间自由运动的主动粒子和被动粒子的自发分离；Smrek 和 Kremer[42]的研究发现，在主动—被动聚合物混合物中，小的活性差异能驱动相分离。

(3) 对手征活性物质的分离。手征活性物质包括多种旋转运动的微生物，如趋磁细菌[56]、大肠杆菌[57,58]和精子细胞[59]。手征活性粒子可以根据其运动特性，在其环境中使用一些简单的静态模式来进行分类[45]。Scholz 等人[46]研究发现顺时针和逆时针旋转机器人会发生集体运动，通过调幅分解得到分界面上的超扩散和相分离。另外，当系统参数满足一定的关系时，利用两个相对的旋转障碍物可以分离混合手性粒子[47]。Ai 等人[48]研究表明，极性手征活性粒子混合物的分离是由手征性和对齐相互作用的竞争决定的。

本章提出了两种分离手征活性粒子的方法：外加时间延迟反馈和外加旋转磁场。单纯考虑粒子之间排他相互作用，手征活性粒子混合物并没有自分离特性，但外加旋转磁场或时间延迟反馈和输出信号之间的差值能重新作用到系统，改变系统的运动状态，实现对混合粒子手征性、对齐性和扩散特性的差异性调制，相当于给系统提供一种可调节的外驱动。通过调节外加时间延迟反馈强度和反馈时间可以调节不同手性粒子的扩散控制因素，通过调节外加旋转磁场的强度而频率可以控制粒子对齐作用，从而达到粒子分离的目的。

6.2　混合手征活性粒子在时间延迟反馈下的扩散和分离

6.2.1　模型与方法

考虑半径为 r 的手征活性粒子混合物（$N/2$ 个逆时针旋转粒子，$N/2$ 个顺时针旋转粒子）在尺寸为 $L\times L$，满足周期边界条件的二维空间中运动。粒子除了受到排斥相互作用，还受到时间延迟反馈作用[60]。粒子运动学由质心位置 $\boldsymbol{r}_i \equiv (x_i,\ y_i)$ 和极坐标 $\boldsymbol{n}_i \equiv (\cos\theta_i,\ \sin\theta_i)$ 下的角度 θ 描述。角度由旋转扩散、作用在粒子上的常数扭矩及相邻粒子间的相互作用决定。考虑平动和转动扩散系数不相关且平动扩散系数可忽略的情况下，描述过阻尼下粒子动力学性质的郎之万方程为：

$$\frac{\mathrm{d}\boldsymbol{r}_i}{\mathrm{d}t} = v_0\boldsymbol{n}_i + \mu\sum_{j=1}^{N}\boldsymbol{F}_{ij} \tag{6.1}$$

$$\frac{\mathrm{d}\theta_i}{\mathrm{d}t} = \Omega_i + K_{\mathrm{jb}}\{1 - \tanh[\theta_i(t-\tau) - \theta_i(t)]\} + \sqrt{2D_\theta}\,\xi_i(t) \tag{6.2}$$

式中，v_0 为自驱动速度；μ 为迁移率；D_θ 为转动扩散系数；$\xi_i(t)$ 是零平均单位方差高斯白噪声；角速度 $\Omega_i=\pm\omega$ 的符号决定了粒子的手征性，$\Omega_i>0$ 代表粒子逆时针旋转（counterclockwise，即 CCW），$\Omega_i<0$ 代表粒子顺时针旋转（clockwise，即 CW）。

粒子之间相互作用采用短程谐波相互作用：当 $r_{ij} < 2r$ 时，$\boldsymbol{F}_{ij} = k(2r - r_{ij})\boldsymbol{r}_{ij}$；否则，$\boldsymbol{F}_{ij}=0$（$r_{ij}=|\boldsymbol{r}_i-\boldsymbol{r}_j|$ 是粒子 i 和粒子 j 间的相互作用距离。$\hat{\boldsymbol{r}}_{ij}=(\boldsymbol{r}_i-$

$\boldsymbol{r}_j)/r_{ij}$。此处 k 为弹性系数)。为了模拟硬粒子，则使用较大的弹性系数，令$\mu k=100$，保证粒子不重叠。K_{fb}是反馈的强度，τ 是反馈时间。其中，$K_{\text{fb}}\geqslant 0$，$\tau\geqslant 0$，$0\leqslant\Omega(t)\leqslant 2K_{\text{fb}}$。这种反馈机制引入了一个时间间隔为 τ 的逆时针扭矩作用在粒子上（见图 6.1）。由图 6.1 可知，当 $\tau=0$ 时，$\Omega(t)=K_{\text{fb}}$；当 $\tau\rightarrow\infty$ 且 $\theta(t-\tau)>\theta(t)$ 时，$\Omega(t)=0$；当 $t\rightarrow\infty$ 且 $\theta(t-\tau)<\theta(t)$ 时，$\Omega(t)=2K_{\text{fb}}$。

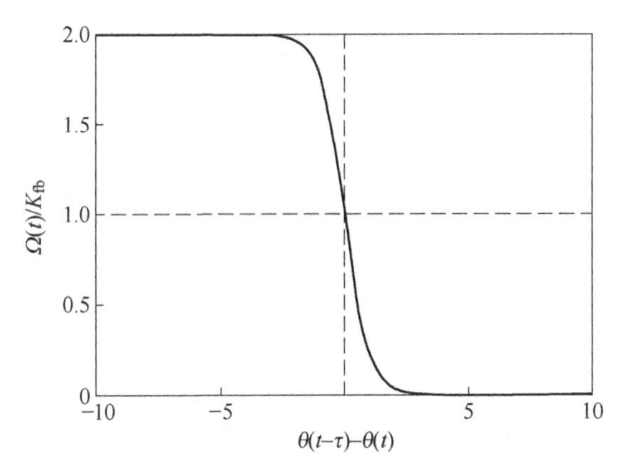

图 6.1 时间延迟反馈示意图

为了描述两种粒子的空间分布，将系统分隔成 M 个$(L\times L)/M$ 的区块，分离系数则定义为[61]

$$S=\frac{1}{N}\sum_{i=1}^{M}\left|N_i^{\text{CW}}-N_i^{\text{CCW}}\right| \tag{6.3}$$

式中，$N_i^{\text{CW}}(N_i^{\text{CCW}})$ 为第 i 个子区块 CW（CCW）粒子个数。

$S\rightarrow 0$ 代表 CW 粒子和 CCW 粒子呈现均匀分布，$S\rightarrow 1$ 意味着两种粒子完全分离。

为了描述混合物中单种粒子团簇的特征尺寸，定义相对径向分布函数[46,50]：

$$g_{\text{AB}}(\boldsymbol{r}_1,\boldsymbol{r}_2)=\langle\rho_{\text{A}}(\boldsymbol{r}_1)\rho_{\text{A}}(\boldsymbol{r}_2)\rangle+\langle\rho_{\text{B}}(\boldsymbol{r}_1)\rho_{\text{B}}(\boldsymbol{r}_2)\rangle-\langle\rho_{\text{A}}(\boldsymbol{r}_1)\rho_{\text{B}}(\boldsymbol{r}_2)\rangle-\langle\rho_{\text{B}}(\boldsymbol{r}_1)\rho_{\text{A}}(\boldsymbol{r}_2)\rangle \tag{6.4}$$

式中，$\rho_I(\boldsymbol{r})=\sum_{i=1}^{N_I}\delta(\boldsymbol{r}-\boldsymbol{r}_i)$ 是粒子种类 $I(I=\text{A}$ 或 $\text{B})$ 的粒子数密度。在均匀的各向同性系统中，方程式（6.4）退化为 $g_{\text{AB}}(r)$，其中 $r=|\boldsymbol{r}_1-\boldsymbol{r}_2|$。团簇的尺寸由 $g_{\text{AB}}(r)$ 的第一个零根决定[46,50]。

定义所有粒子所占的面积与二维系统面积的比例为填充率 $\phi=N\pi r^2/(L\times L)$。引入时间尺度 $\frac{1}{\mu k}$ 和长度尺度 r 对参数进行无量纲化：$\hat{v}_0=\frac{v_0}{\mu k_{\text{r}}}$，$\hat{\omega}=\frac{\omega}{\mu k}$，

$\hat{D}_r = \dfrac{D_\theta}{\mu k}$。在以下讨论中均使用无量纲量且省略所有量上面的“帽子”，通过改变角速度 ω、反馈强度 K_{fb}、反馈时间 τ、转动扩散系数 D_θ 和自驱动速度 v_0 来研究系统的行为。粒子在二维空间的有效扩散系数为：

$$D \equiv \lim_{t\to\infty} \frac{1}{4t}\langle | \Delta \boldsymbol{r}_i(t) |^2 \rangle \tag{6.5}$$

式中，$\Delta \boldsymbol{r}_i(t) \equiv \boldsymbol{r}_i(t) - \boldsymbol{r}_i(0)$。

6.2.2　结果和讨论

在模拟中，粒子的初始位置随机分布，且方向角在［0，2π］上是随机的。利用龙格库塔算法对方程式（6.1）和式（6.2）进行数值积分。积分步长小于 10^{-3}，总积分时间大于 2×10^4（该积分时间可以确保系统达到稳态）。我们进行了100次数值计算以提高计算精度和减小统计误差。模拟参数选取为 $L = 40.0$、$M = 10 \times 10 = 100$、$N = 1024(\phi = 0.50)$。

对于手性活性粒子混合物，自驱动方向角度 θ 由 ω、D_θ，K_{fb}、τ 决定。角速度 ω 决定了手征性差异（当 $\omega = 0.0$ 时，两种粒子是无差异的）。转动扩散系数 D_θ 描绘了角速度的波动。K_{fb} 代表反馈强度。当 D_θ 固定时，粒子的扩散由 ω、v_0、K_{fb} 及 τ 的竞争决定。

图6.2描述了混合手征活性粒子在 $v_0 = 2.5$、$D_\theta = 0.001$、$\phi = 0.5$、ω 和 K_{fb} 及 τ 不同时的粒子分布图。(1) 当 $K_{fb} = 0$，$\omega = 0$ 时（见图6.2（a）），两种粒子无差别且不受时间延迟反馈作用，粒子由于自驱动作用聚集成团，发生自驱动诱导相分离（motility induced phase separation，MIPS）现象[62]。(2) 当 $K_{fb} = 10.0$，$\tau = 10.0$，$\omega = 0$ 时（见图6.2（b）），两种粒子相同且受到强的时间延迟反馈作用，粒子受到大的扭矩作用，因此反馈调制后的角速度很大，旋转半径（$R = v_0/\omega$）很小，粒子几乎待在原地打转，从整体上看，粒子是均匀分布且混合的。(3) 当 $K_{fb} = 10.0$，$\tau = 10.0$，$\omega = 2.2$ 时（见图6.2（c）），手征差异性增加，由于时间延迟反馈作用，使得逆时针旋转粒子的角速度增大，旋转半径减小（$\propto 1/\omega$），扩散减小。对顺时针旋转粒子，反馈对其几乎无作用，因此以 $\omega = 2.2$ 的角速度顺时针转动，旋转半径较逆时针粒子的旋转半径更大，扩散较大。由于排他相互作用，一方面顺时针粒子在与逆时针粒子相互作用的过程中从逆时针粒子中挣脱逃逸，另一方面推进逆时针粒子聚集成一个团簇整体旋转，两种粒子分离。(4) 当 $K_{fb} = 10.0$，$\tau = 10.0$，$\omega = 4.2$ 时（见图6.2（d）），粒子角速度 ω 增大，由于延迟时间反馈作用，逆时针旋转粒子角速度进一步增大，旋转半径减小；但时间延迟反馈对顺时针粒子几乎无作用，因此顺时针粒子基本保持原角速度旋转，但旋转半径变小，扩散减小，因此一方面很难从逆时针粒子中挣脱逃

逸，另一方面只能在小区域推进逆时针粒子聚集，所以在每一个小区域，两种粒子分离，但从整体来看，由于出现了较小的团簇，粒子是混合的。

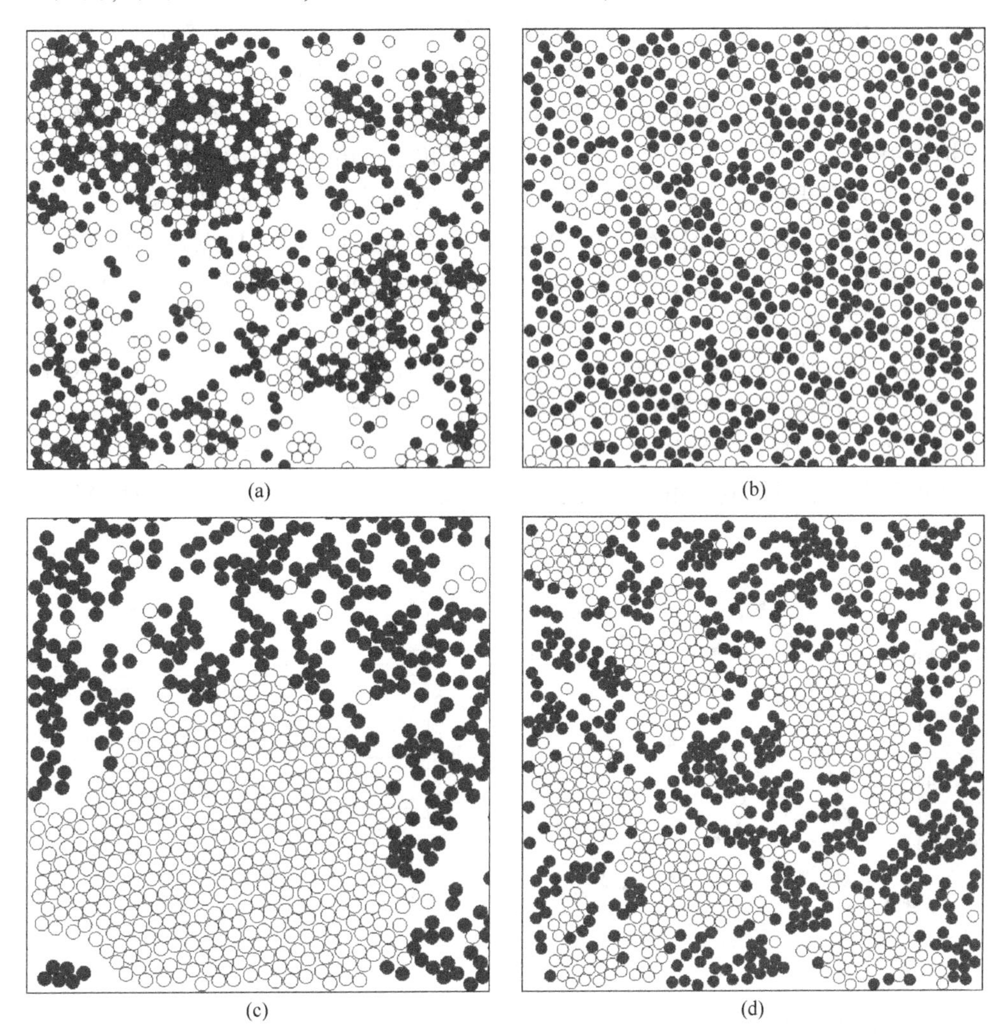

图 6.2 逆时针旋转粒子（白色）和顺时针旋转粒子（黑色）的混合物分布
（其他参数设置为 $v_0=2.5$，$D_\theta=0.001$，$\phi=0.5$）
（a）$K_{fb}=0$，$\omega=0$；（b）$K_{fb}=10.0$，$\tau=10.0$，$\omega=0$；
（c）$K_{fb}=10.0$，$\tau=10.0$，$\omega=2.2$；（d）$K_{fb}=10.0$，$\tau=10.0$，$\omega=4.2$

为了研究团簇大小，使用顺时针粒子（CW）和逆时针粒子（CCW）的最大团簇粒子数占各自总粒子数的比例 $P=\langle N_{cl}\rangle/(N/2)$ 随角速度 ω 的变化如图 6.3（a）所示。N_{cl}为最大团簇的粒子数个数。P 越大代表团簇尺寸越大，表明粒子分离。由图可知，比例 P 是角速度 ω 的峰值函数。图 6.3（a）中 A、B、C 及 D

四点的分布图分别对应图 6.2 (a)~(d)。由图 6.3 (a) 可以看出,(1) 当 $\omega=0$ 时 (A、B 点),顺时针旋转粒子 (CW) 和逆时针旋转粒子 (CCW) 的最大团簇强度 P 相等。当 $K_{fb}=0$ 时,由于 MIPS 效应,最大团簇强度比例 $P=0.8$;当 $K_{fb}=10.0$,$\tau=10.0$,$\omega=0$ 时,两种粒子均做逆时针旋转且旋转半径很小,几乎各自待在原地打转,因此 $P=0$。(2) 当 $\omega=2.2$ 时 (C 点) 时,在外加时间延迟反馈作用下,CW 粒子角速度不变,CCW 粒子角速度增大,在两种粒子相互作用下,CCW 粒子聚集成一大团簇,P 接近于 1,达到最大值;CW 粒子旋转半径更大,扩散更大,聚集成小团簇,$P\approx0.2$。(3) 当 $\omega=4.2$ 时 (D 点),CCW 角速度继续增大,CW 粒子旋转半径继续减小,均聚集成更小团簇。图 6.3 (b) 绘制了不同 ω 下,$K_{fb}=10.0$、$\tau=10.0$、$t=2\times10^4$ 时,相对径向分布函数 $g_{AB}(r)$。图 6.3 (b) 中标注的圆圈为第一个零根,代表单种粒子的团簇尺寸。当 $\omega=0$ 和 5.4 时,顺时针和逆时针粒子旋转角速度都很大,旋转半径很小,所以团簇尺寸很小;随着 ω 增加,反馈加速 CCW 粒子旋转,对 CW 粒子无作用,逆时针旋转角速度很大,顺时针旋转角速度很小,团簇尺寸增大,当 $\omega=2.2$ 时,团簇尺寸达到最大值。

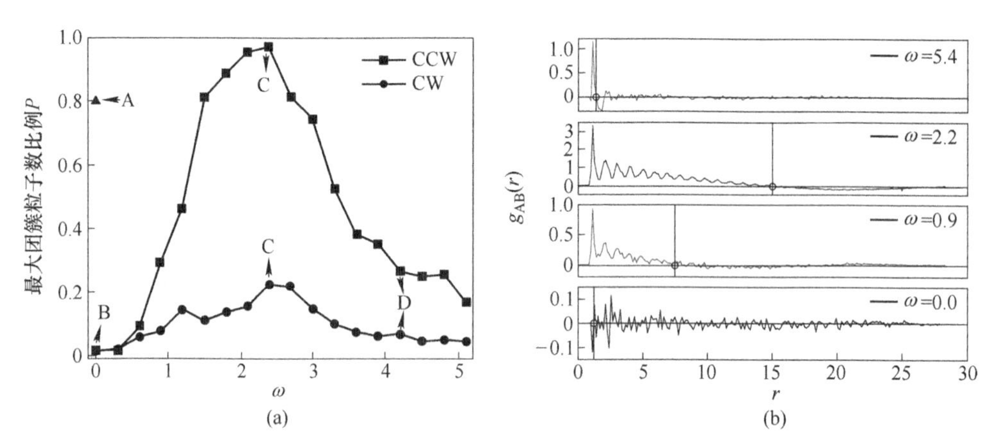

图 6.3 顺时针旋转粒子 (CW) 和逆时针旋转粒子 (CCW) 的最大团簇粒子数占各自总粒子数的比例 P 随角速度 ω 的变化 (a) 以及在不同 ω 下,$t=2\times10^4$ 时,相对径向分布函数 (b)

(其他参数设置为 $v_0=2.5$,$D_\theta=0.001$,$\phi=0.5$,$K_{fb}=10.0$,$\tau=10.0$)

为了进一步描述粒子动力学,分别研究了有效扩散系数 D 和分离系数 S 随角速度 ω、反馈强度 K_{fb}、反馈时间 τ、转动扩散系数 D_θ、自驱动速度 v_0、填充率 ϕ 和时间 t 的变化。图 6.4~图 6.10 中的每条曲线是由 100 次模拟的统计平均得到。

图 6.4 研究了在不同 K_{fb} 和 τ 值下,逆时针旋转粒子 (CCW) 和顺时针旋转

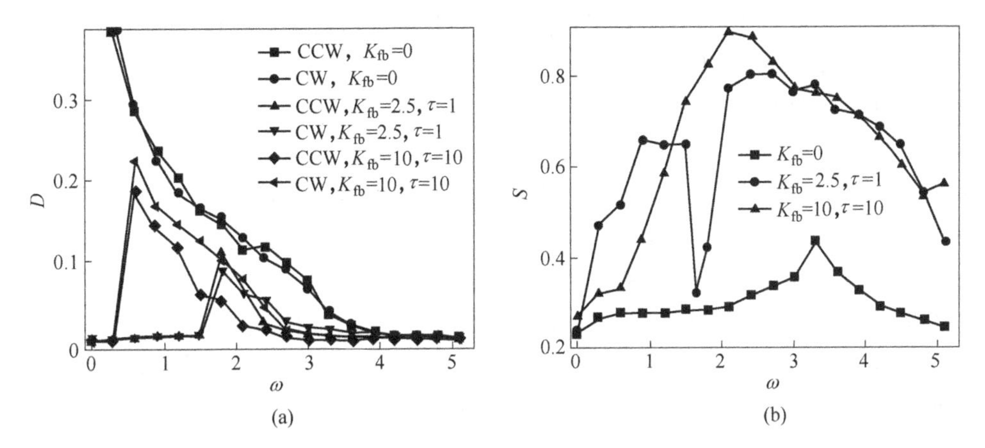

图 6.4 在不同 K_{fb} 和 τ 值下，逆时针旋转粒子（CCW）和顺时针旋转粒子（CW）的有效扩散系数 D 随角频率 ω 的变化（a）以及在不同 K_{fb} 和 τ 下，分离系数 S 随角频率 ω 的变化（b）
（其他参数设置为 $v_0=2.5$，$D_\theta=0.001$，$\phi=0.5$）

粒子（CW）的有效扩散系数 D 和分离系数 S 随角速度 ω 的变化。从图 6.4（a）可知，当 $K_{fb}=0$ 时，粒子不受反馈作用，CCW 和 CW 粒子的有效扩散系数 D 相等，且随 ω 单调减小；而当 K_{fb} 和 τ 取其他值时，CCW 粒子和 CW 粒子的有效扩散系数为 ω 的峰值函数。可以解释如下：（1）当 $K_{fb}=0$，$\omega=0$ 时，粒子自身参数（自驱动速度，转动扩散系数等）控制扩散，扩散远远大于 1，达到最大值；（2）当 $K_{fb}=0$，$\omega\to\infty$ 时，粒子转动非常快，自驱动速度可忽略，$D\to0$；（3）当 K_{fb} 和 τ 取其他值，$\omega\to0$ 时，两种粒子相同，时间延迟反馈使得粒子快速旋转，$D\to0$。随着 ω 增加，时间反馈对两种粒子角速度调制差异开始显现，由图 6.1 可知，τ 越大，CCW 粒子受到反馈作用后 ω 增大越多，CW 粒子的 ω 受到的调制越小，当 τ 很大时，CCW 粒子和 CW 粒子受到的扭矩调制作用分别趋于 $2K_{fb}$ 和 0。ω 的增加能导致两种结果：（Ⅰ）两种粒子手征差异性增大，粒子相互作用力增大，扩散增大；（Ⅱ）抑制自驱动，减小扩散。当 ω 从零增加，Ⅰ因素控制扩散，扩散主要由粒子间相互作用控制，ω 越大，受到的 CW 粒子的排斥力越大，D 越大；而 CW 粒子扩散主要由自身参数决定（受反馈影响很小），CW 粒子的 D 随 ω 增加而增加。当 ω 继续增加，Ⅱ因素起作用，CW 粒子快速旋转，CW 的扩散趋于 0，因此 CCW 粒子受到 CW 粒子的排斥力作用效应越来越小，CCW 扩散也趋于 0。值得注意的是，$K_{fb}=10$，$\tau=10$ 时的 D 大于 $K_{fb}=2.5$，$\tau=1$ 时的 D 且峰值对应的 ω 更小。此外，当 $K_{fb}=10$，$\tau=10$ 时，CW 粒子有效扩散大于 CCW 粒子的有效扩散；而 $K_{fb}=2.5$，$\tau=1$ 时，CW 粒子有效扩散在 $1.7<\omega<2.1$ 时小于 CCW 粒子的有效扩散，在 $\omega>2.1$ 时，CW 粒子的 D 更大。这是因为 K_{fb} 和 τ 越大，时间延迟反馈对粒子角速度调制作用越强，导致 CCW 粒子和 CW

粒子角速度差异越大，CCW 粒子扩散由 CW 粒子排斥力决定的程度越大。

由图 6.4（b）发现，分离系数 S 为角速度 ω 的峰值函数。当 $\omega\to 0$ 时，两种粒子相同，且扩散都由粒子参数和相互作用共同控制，粒子混合，$S\to 0$；当 $\omega\to\infty$ 时，ω 控制了粒子运动，两种粒子都快速旋转，几乎各自待在原地打转，$S\to 0$。所以 ω 取最优值时，分离系数能达最大值。峰值位置随 K_{fb} 和 τ 增大而往 ω 减小方向移动。当 $K_{fb}=10$，$\tau=10$ 时的分离效果最好，这是因为此时 CCW 粒子角速度受时间延迟反馈调制快速逆时针旋转，其扩散与自身参数无关，完全由 CW 粒子的扩散决定。特别地，当 $K_{fb}=2.5$，$\tau=1$ 时，曲线存在一个谷底值。这是因为 $\omega>1.65$ 时，CW 粒子顺时针旋转；而 $\omega<1.65$ 时，CW 粒子被时间延迟反馈调制为逆时针旋转。$|\omega-1.65|$ 越大，CCW 粒子扩散受 CW 粒子扩散影响程度越大，因此 $\omega=1.65$ 时，S 达最小值。

图 6.5 描绘了在不同 τ 值下，逆时针旋转粒子（CCW）和顺时针旋转粒子（CW）的有效扩散系数 D 和分离系数 S 随反馈强度 K_{fb} 的变化。可以看出，(1) 当 $\tau=0.01$ 时，两种粒子的 D 为反馈强度的峰值函数（见图 6.5（a））。K_{fb} 很小时，外加反馈对粒子角速度调制作用很小，CCW 粒子和 CW 粒子扩散相等且由自身参数控制；随 K_{fb} 增大，调制作用增大，由于 τ 很小，反馈作用在 CCW 粒子和 CW 粒子的扭矩几乎相等，CW 粒子调制后角速度减小，D 增大，当 $K_{fb}\approx 2.1$ 时达到最大值，此时 CW 粒子角速度几乎为 0，而 CCW 粒子调制后角速度增大，D 受 CW 粒子扩散影响增大，因此也在 $K_{fb}\approx 2.1$ 时达到最大；当 $K_{fb}\to\infty$ 时，两种粒子调制后角速度很大，$D\to 0$。(2) 当 $\tau=1.0$（见图 6.5（b））时，随 K_{fb} 增加，两种粒子扩散先减小，后增大达到最大值，$K_{fb}\to\infty$ 时，$D\to 0$。(3) 当 $\tau=10.0$（见图 6.5（c））时，D 随 K_{fb} 先减小，后增大达到最大值，继而趋于常数，这是因为此时 CW 粒子几乎不受反馈调制作用，K_{fb} 的改变对 D 无影响，而 CCW 粒子的扩散完全由 CW 粒子对 CCW 粒子的排斥力控制，因此也趋于常数且小于 CW 的扩散。由图 6.5（d）可知，$\tau\leqslant 1$ 时，分离系数 S 为反馈强度 K_{fb} 的峰值函数，而 $\tau>1$ 时，S 随 K_{fb} 的增大而增大并于 $K_{fb}=10$ 时达到最大值并保持不变。可以解释如下：(1) 当 $\tau\leqslant 1$ 时，外加反馈对 CW 粒子调制随 K_{fb} 增大而改变，当 K_{fb} 从零开始增加，CW 粒子为顺时针旋转，且随 K_{fb} 增加角速度减小，扩散增大，CCW 粒子扩散受 CW 粒子扩散影响程度增大，S 达最大值，粒子分离；随着 K_{fb} 继续增大，CW 粒子由顺时针旋转翻转为逆时针旋转，与 CCW 粒子同时受外加反馈强烈调制，两种粒子扩散由各自自身参数决定，因此 S 降低，粒子混合。(2) 当 $\tau>1$ 时，CW 粒子几乎不受外加反馈作用，因此 CW 粒子扩散不随 K_{fb} 而改变，CCW 粒子扩散受 CW 粒子扩散影响程度越来越大，当 $K_{fb}=10$ 时，CCW 粒子扩散完全由 CW 粒子扩散决定，所以 S 达到峰值并且保持不变。因此可以通过控制外加时间反馈强度来控制不同手征性粒子的扩散和分离。

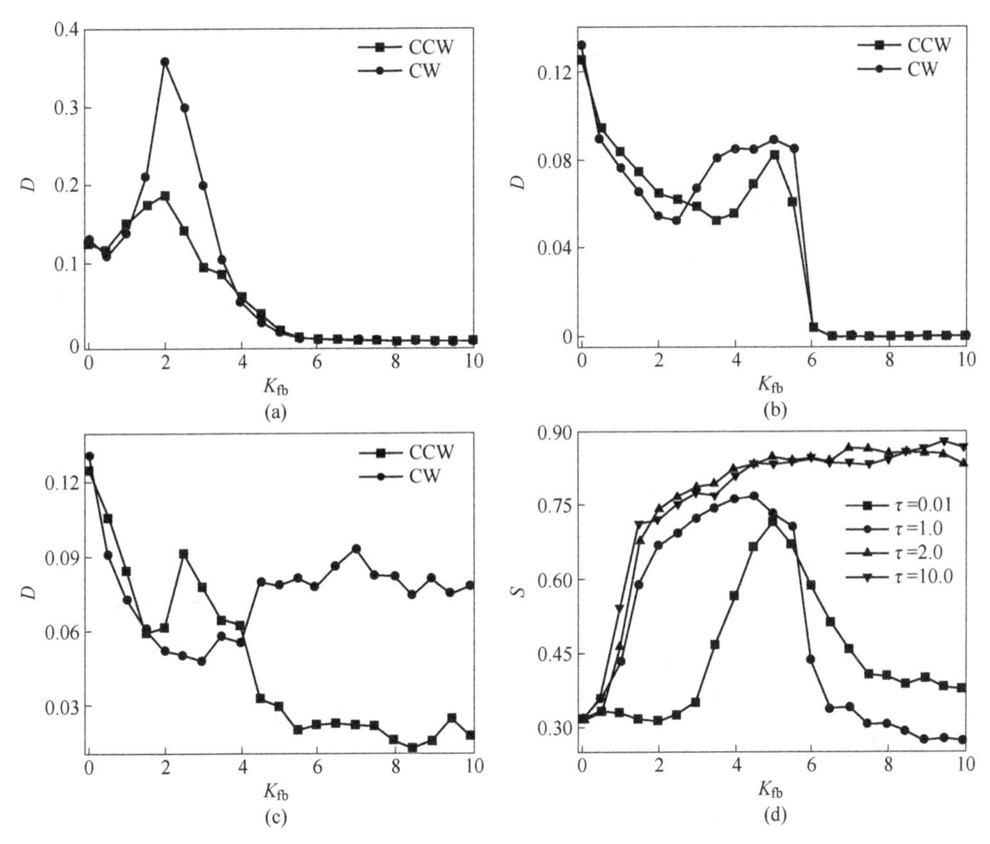

图 6.5 在 $\tau=0.01$（a）、$\tau=1.0$（b）、$\tau=10.0$（c）时，逆时针旋转粒子（CCW）和顺时针旋转粒子（CW）的有效扩散系数 D 随反馈强度 K_{fb} 的变化以及在不同 τ 下，分离系数 S 随反馈强度 K_{fb} 的变化（d）

（其他参数设置为 $\omega=2.1$，$v_0=2.5$，$D_\theta=0.001$，$\phi=0.5$）

图 6.6 描述了在不同 K_{fb} 值下，逆时针旋转粒子（CCW）和顺时针旋转粒子（CW）的有效扩散系数 D 和分离系数 S 随反馈时间 τ 的变化。（1）当 K_{fb} 很小时（$K_{fb}=1.0$，2.5），两种粒子的 D 随反馈时间 τ 的增加而先增加，后单调减小，且在 $\tau>1$ 时达到平稳值（见图 6.6（a）和（b））。这是因为当 $\tau<1$ 时，CCW 粒子受外加反馈调制强度随 τ 增加而增加，而 CW 粒子受调制强度随 τ 增加而减小，所以两种粒子的扩散都随 τ 增加而单调减小；（2）当 $\tau>1$ 时，CCW 粒子受外加反馈调制强度随 τ 增加而急剧增加，扩散主要来自 CW 粒子的相互作用力，而 CW 粒子不受调制强度影响，因而扩散不随 τ 变化，CW 粒子扩散决定了粒子间的相互作用力，所以 CCW 粒子扩散也保持常数。当 K_{fb} 很大时（$K_{fb}=10.0$），两种粒子的 D 随反馈时间 τ 的增加而先保持为 0，后在 $\tau=1$ 突然增大并保持常数（见图 6.6（c））。可以解释如下：（1）在 $\tau<1$ 时，CW 粒子在外加反馈作用下由

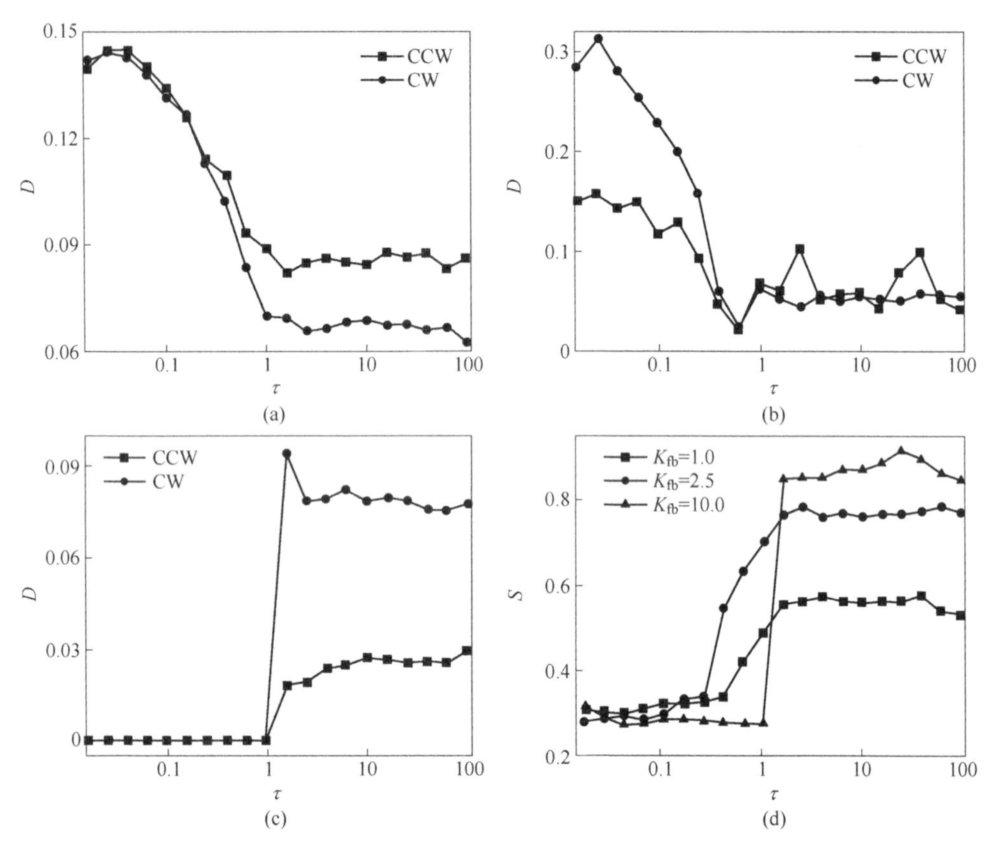

图 6.6　在 $K_{fb}=1.0$（a）、$K_{fb}=2.5$（b）、$K_{fb}=10.0$（c）时，逆时针旋转粒子（CCW）和顺时针旋转粒子（CW）的有效扩散系数 D 随反馈时间 τ 的变化以及在不同 K_{fb} 下，分离系数 S 随反馈时间 τ 的变化（d）

（其他参数设置为 $\omega=2.1$，$v_0=2.5$，$D_\theta=0.001$，$\phi=0.5$）

顺时针旋转翻转为逆时针旋转，并且角速度值很大，所以两种粒子扩散都几乎为 0；（2）在 $\tau>1$ 时，CCW 粒子受外加反馈作用快速旋转，其扩散主要来自粒子间的相互作用力，CW 粒子保持原有的角速度，扩散保持常数不变，因而 CCW 粒子扩散比 CW 扩散低且保持不变。由图 6.6（d）可发现，分离系数 S 随 τ 的增加而增加，并于 $\tau>1$ 后保持不变。其中 $K_{fb}=1.0$、2.5 时，S 随 τ 缓慢增加，而 $K_{fb}=10.0$ 时，分离效果最好且 S 在 $\tau=1$ 时突然增大到最大值，这与图 6.5（d）结果一致。这是因为 $\tau>1$ 时，CCW 粒子扩散完全由不随 τ 变化的 CW 粒子扩散控制。

在不同 K_{fb} 和 τ 值下，逆时针旋转粒子（CCW）和顺时针旋转粒子（CW）的有效扩散系数 D 和分离系数 S 随转动扩散系数 D_θ 的变化如图 6.7 所示。由图

6.7（a）和（c）可以发现，有效扩散系数 D 随 D_θ 先增大，后减小，继而增大，出现一个谷底和一个峰值，最后 $D_\theta \to \infty$ 时，$D \to 0$。这是由于随 D_θ 增大过程中，在外加反馈调控下，粒子调制后的角速度与 D_θ 竞争，当调制后的角速度很小时，D_θ 控制粒子的扩散，当调制后的角速度很大时，D_θ 的作用可以忽略。当 $D_\theta \to \infty$ 时，粒子完全由 D_θ 控制，粒子自驱动角度 θ 变化很快，所以 $D \to 0$。由图 6.7（d）可以看出，分离系数 S 随转动扩散系数 D_θ 的增加而单调递减，$K_{fb}=10.0$，$\tau=10.0$ 时 S 取最大值，这与前面的结果一致。当 $D_\theta \to 0$ 时，转动扩散系数可以忽略，因此 S 达最大值。

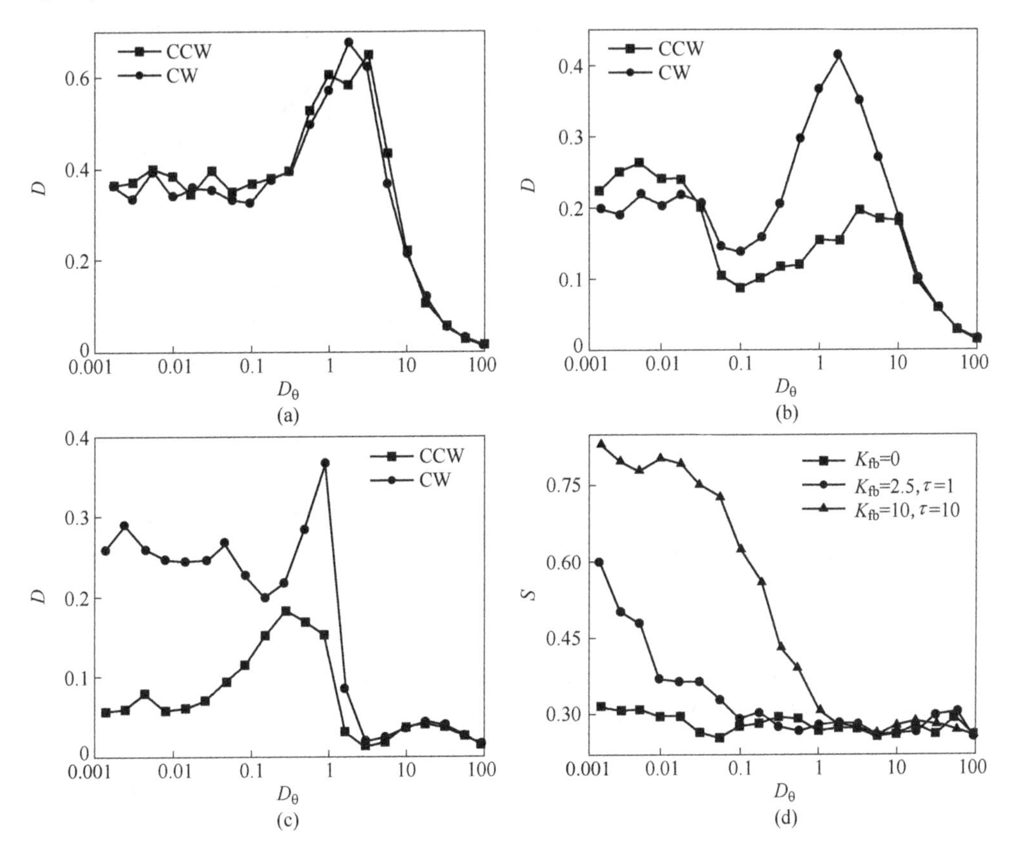

图 6.7 在 $K_{fb}=0.0$（a），$K_{fb}=2.5$，$\tau=1.0$（b），$K_{fb}=10.0$，$\tau=10.0$（c）时，逆时针旋转粒子（CCW）和顺时针旋转粒子（CW）的有效扩散系数 D 随转动扩散系数 D_θ 的变化以及在不同 K_{fb} 和 τ 下，分离系数 S 随转动扩散系数 D_θ 的变化（d）

（其他参数设置为 $\omega=2.1$，$v_0=2.5$，$\phi=0.5$）

图 6.8（a）绘制了在 $K_{fb}=10.0$，$\tau=10.0$ 时，不同自驱动速度 v_0 下，均方位移 MSD = $\langle |\Delta \boldsymbol{r}_i(t)|^2 \rangle$ 随时间 t 的变化。我们发现，（1）当 $v_0=0$ 时，两种粒

子扩散完全由角速度控制，因此 MSD 始终趋于零。（2）当 $v_0=2.5$ 时，CCW 粒子快速旋转，MSD 完全由 CW 粒子的 MSD 决定，CW 粒子的 MSD 由自驱动速度 v_0 和角速度 ω 共同决定，且随时间 t 增大，所以 CCW 粒子的 MSD 也随时间 t 增大，且小于 CW 粒子的 MSD。（3）当 $v_0=6.0$，两种粒子的 MSD 都由 v_0 和角速度 ω 共同决定，因此两种粒子的 MSD 随时间 t 增大且交叉多次。图 6.8（b）描述了在不同 K_{fb} 和 τ 下，分离系数 S 随自驱动速度 v_0 的变化。图形显示为铃铛状，这是由于单个手征粒子做旋转运动的半径为 $R=v_0/\omega$，当 $v_0\to 0$ 时，粒子待在各自位置做自旋运动，因此 S 趋于零。当 $v_0\to\infty$ 时，两种粒子扩散都由 v_0 和 ω 共同决定，所以粒子混合，$S\to 0$。因此存在最优值 v_0 使分离系数 S 达到最大值。

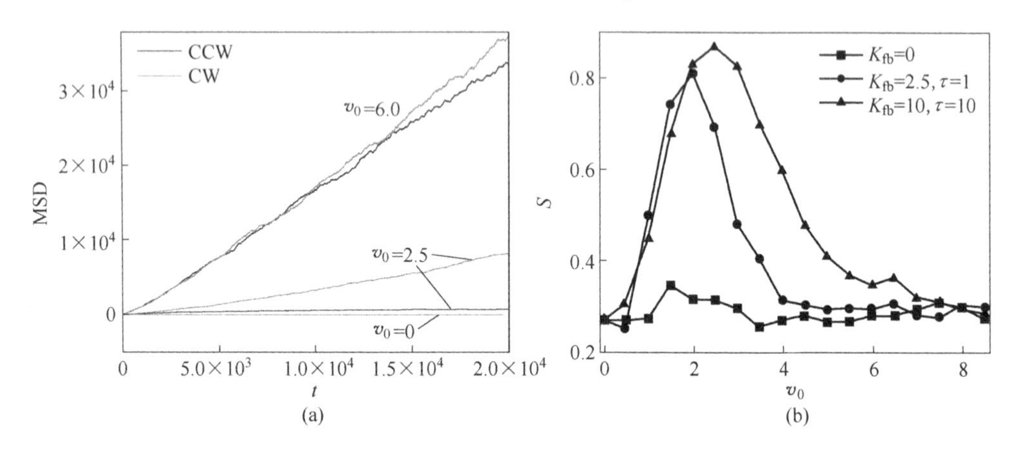

图 6.8　在 $K_{fb}=10.0$，$\tau=10.0$ 时，不同自驱动速度 v_0 下，均方位移 MSD $=\langle|\Delta \boldsymbol{r}_i(t)|^2\rangle$ 随时间 t 的变化(a) 以及在不同 K_{fb} 和 τ 下，分离系数 S 随自驱动速度 v_0 的变化(b)
（其他参数设置为 $\omega=2.1$，$D_\theta=0.001$，$\phi=0.5$）

图 6.9（a）和（b）分别描述了逆时针旋转粒子（CCW）和顺时针旋转粒子（CW）的有效扩散系数 D 和分离系数 S 随填充率 ϕ 的变化。我们发现，有效扩散系数 D 和分离系数 S 都表现为填充率 ϕ 的峰值函数。当 ϕ 很小时，粒子间的平均距离很大，发生相互作用的概率很小，所以 D 很小，粒子无法聚集，因此分离系数 S 也很小。当 ϕ 很大时，粒子间相互作用变得重要，粒子拥挤造成粒子很难移动，因此 D 很小，S 也很小。因此存在最优值 ϕ 使有效扩散系数 D 和分离系数 S 达到最大值。

为了验证我们的模拟结果具有鲁棒性，我们绘制了在不同填充率 ϕ 下，分离系数 S 随时间 t 的变化，如图 6.10（a）所示。选取的积分时间大于 2×10^4，由图 6.10（a）可知，分离系数 S 从 $t=1\times10^4$ 开始保持常数不变，即系统达到稳态。此外 $\phi=0.5$ 的分离系数最大，这与图 6.9（b）结果一致。图 6.10（b）描述了在不同时间 t 下，$\phi=0.5$ 时，相对径向分布函数 $g_{AB}(r)$。图中标注的圆圈

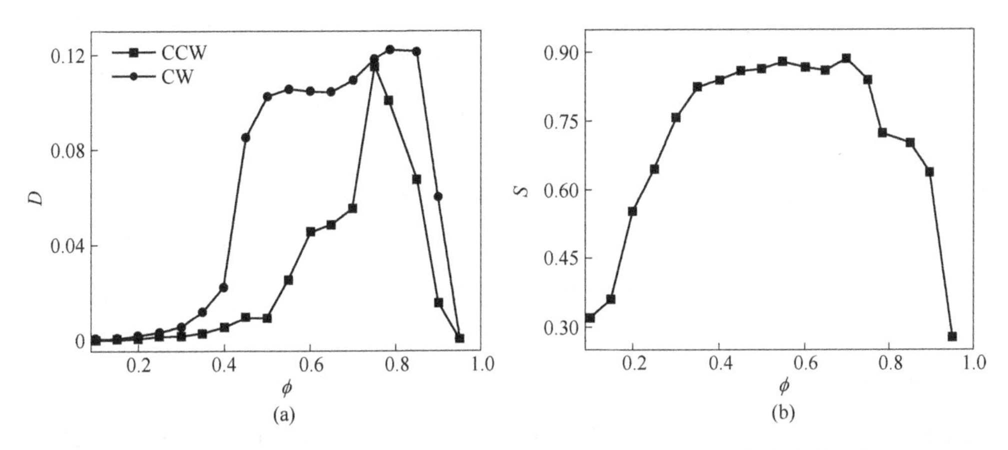

图 6.9 逆时针旋转粒子（CCW）和顺时针旋转粒子（CW）的有效扩散系数 D 随填充率 ϕ 的变化（a）以及分离系数 S 随填充率 ϕ 的变化（b）
（其他参数设置为 $v_0=2.5$，$D_\theta=0.001$，$\omega=2.1$，$K_{fb}=10.0$，$\tau=10.0$）

为第一个零根，代表单种粒子的团簇尺寸。由图 6.10（b）可知，随时间 t 增大，团簇尺寸增大，并于 $t=1\times 10^4$ 开始达到最大值。

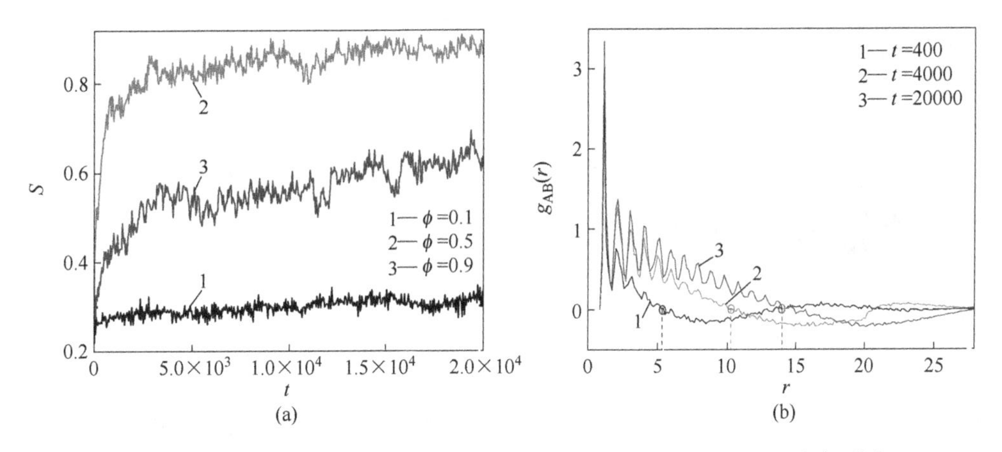

图 6.10 在不同填充率 ϕ 下，分离系数 S 随时间 t 的变化（a）以及在不同时间 t 下，$\phi=0.5$ 时，相对径向分布函数（b）
（其他参数设置为 $v_0=2.5$，$D_\theta=0.001$，$\omega=2.1$，$K_{fb}=10.0$，$\tau=10.0$）

6.3 混合手征活性粒子在旋转磁场下的对齐和分离

6.3.1 模型与方法

考虑半径为 r_0 的 N 个手性磁性自驱动粒子（$N/2$ 个逆时针旋转粒子

(CCW), $N/2$ 个顺时针旋转粒子 (CW)) 在尺寸为 $L\times L$, 满足周期边界条件的二维空间中运动。粒子受到外加的旋转磁场作用 $\boldsymbol{H}(t)=H[\cos(\omega_{\mathrm{H}}t),\ \sin(\omega_{\mathrm{H}}t)]$ (见图 6.11)。粒子绕轴心旋转, 且沿磁矩 $\boldsymbol{M}$[63] 的方向自驱动向前运动。粒子的动力学由质心位置 $\boldsymbol{r}_i\equiv(x_i,\ y_i)$ 和角度 θ_i 描述。粒子的旋转动力学由角速度 $\boldsymbol{\Omega}_i$ (对逆时针粒子来说, $\boldsymbol{\Omega}_i=\omega$; 对顺时针粒子来说, $\boldsymbol{\Omega}_i=-\omega$), 粒子与环境耦合的热波动以及磁矩与外加磁场间的相互作用共同决定。磁矩方向由外加磁场控制。对体积为 $V_{\mathrm{c}}=\dfrac{3}{4}\pi r_0^3$, 受到外加磁场 $\boldsymbol{H}$ 作用的各向异性的球形粒子来说, 其磁矩 $\boldsymbol{M}=\bar{\chi}V_{\mathrm{c}}\boldsymbol{H}$, 其中 $\bar{\chi}$ 是磁化率。假设粒子沿 $\boldsymbol{n}$ 方向易于磁化, 则 $\bar{\chi}=\chi_{\perp}\bar{\boldsymbol{I}}+\Delta\chi\boldsymbol{nn}$, 其中 $\bar{\boldsymbol{I}}$ 代表各向同性张量。对 $\boldsymbol{H}$ 和 $\boldsymbol{n}$ 任意夹角, 有 $\boldsymbol{M}=V_{\mathrm{c}}[\chi_{\perp}\boldsymbol{H}+\Delta\chi(\boldsymbol{H}\cdot\hat{\boldsymbol{n}})\hat{\boldsymbol{n}}]$。此时, 根据磁扭矩和黏滞扭矩平衡的条件可得角度的动力学方程为[32,45,64]:

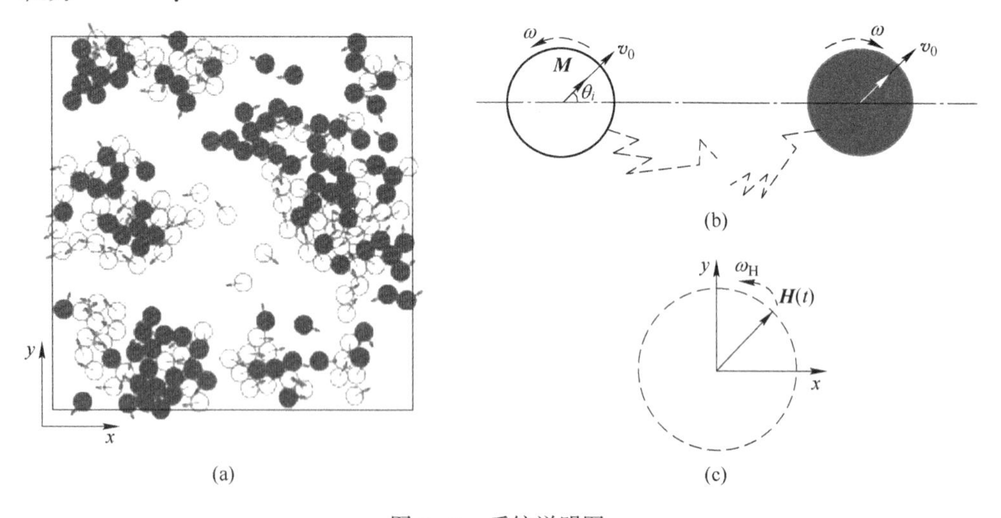

图 6.11 系统说明图

(a) 磁性手征活性粒子在二维区域 $L\times L$ 中运动, 白色粒子(黑色粒子)代表逆时针旋转(顺时针旋转)粒子, 箭头表示运动的方向; (b) 在 $t=0$ 时刻, 具有相同自驱动速度 v_0 和不同手征性的两种类型的粒子说明图 (其中 $\boldsymbol{M}$ 是磁矩, θ_i 是与 x 轴的夹角); (c) 旋转磁场 $\boldsymbol{H}(t)=H[\cos(\omega_{\mathrm{H}}t),\ \sin(\omega_{\mathrm{H}}t)]$(其旋转频率为 ω_{H})

$$-\frac{\mathrm{d}\theta_i}{\mathrm{d}t}+\Omega_i+\frac{\boldsymbol{MH}}{\alpha}\sin\beta_i+\sqrt{2D_{\mathrm{r}}}\xi_i=0 \tag{6.6}$$

式中, α 为旋转摩擦系数; $\boldsymbol{M}$ 为粒子的偶极矩; β_i 为磁矩 $\boldsymbol{M}$ 外加磁场 $\boldsymbol{H}$ 的夹角, 此时旋转磁场角度 $\beta_i=\omega_{\mathrm{H}}t-\theta_i$, 手征活性粒子的朗之万方程可写为[32,45,64]:

$$\frac{\mathrm{d}\boldsymbol{r}_i}{\mathrm{d}t}=v_0\boldsymbol{n}_i+\mu\sum_{j=1,\ j\neq i}^{N}\boldsymbol{F}_{ij} \tag{6.7}$$

$$\frac{\mathrm{d}\theta_i}{\mathrm{d}t} = \Omega_i + \omega_\mathrm{c}\sin(\omega_\mathrm{H}t - \theta_i) + \sqrt{2D_\mathrm{r}}\xi_i \tag{6.8}$$

式中，v_0 为自驱动速度；μ 为迁移率；$\omega_\mathrm{c} = MH/\alpha$ 是临界频率；$\boldsymbol{n}_i \equiv (\cos\theta_i, \sin\theta_i)$ 为自驱动速度的方向；$\boldsymbol{F}_{ij}$ 为粒子间的短程谐振排斥相互作用力，当 $r_{ij} < 2r_0$ 时，$\boldsymbol{F}_{ij} = k(2r_0 - r_{ij})\hat{\boldsymbol{r}}_{ij}$，否则，$\boldsymbol{F}_{ij}=0$，$r_{ij}$为第 i 个粒子和第 j 个粒子间距，$\hat{\boldsymbol{r}}_{ij} = (\boldsymbol{r}_i-\boldsymbol{r}_j)/r_{ij}$是单位矢量，$k$ 为弹性系数，为避免粒子重叠将 k 设置为较大值；D_r 为旋转扩散系数；ξ_i 是高斯白噪声，满足自相关函数 $\langle\xi_i(t)\xi_j(t')\rangle = 2D_\mathrm{r}\delta_{ij}\delta(t - t')$（$\langle\cdots\rangle$ 代表随机力分布的平均）；粒子填充率 $\phi = N\pi r_0^2/(L \times L)$（$N$ 为粒子总个数）。

为了研究磁性手征活性粒子的对齐和分离，引入分离系数 S 和极性对齐参数 P。为了量化两种粒子的空间分布，我们将空间分成 Q 个子区域，$(L \times L)/Q$，分离系数为[61]：

$$S = \frac{1}{N}\sum_{i=1}^{Q} | N_i^{\mathrm{CW}} - N_i^{\mathrm{CCW}} | \tag{6.9}$$

式中，$N_i^{\mathrm{CW}}(N_i^{\mathrm{CCW}})$ 为第 i 个子区域的顺时针（逆时针）旋转粒子个数。

众所周知，$S\to 1$ 表示两种手征性粒子完全分离；而 $S\to 0$ 代表两种粒子均匀混合。极性对齐参数可以描述手征粒子的取向对齐[65]：

$$P = \left\langle \left| \frac{2}{N}\sum_{j=1}^{N/2} \mathrm{e}^{i\theta_j(t)} \right| \right\rangle \tag{6.10}$$

式中，$\langle\cdots\rangle$ 是时间平均。

式（6.10）中，当 $P\to 1$ 时，所有粒子沿同一方向运动；$P\to 0$ 时，所有粒子方向不同且随机。

为计算方便，利用粒子半径 r_0和时间尺度$\frac{1}{\mu k}$ 对方程进行无量纲化。所有参量的无量纲化形式为 $\hat{v}_0 = \frac{v_0}{\mu k r_0}$，$\hat{\Omega}_i = \frac{\Omega_i}{\mu k}$，$\hat{\omega} = \frac{\omega}{\mu k}$，$\hat{\omega}_\mathrm{H} = \frac{\omega_\mathrm{H}}{\mu k}$，$\hat{\omega}_\mathrm{c} = \frac{\omega_\mathrm{C}}{\mu k}$，$\hat{D}_\mathrm{r} = \frac{D_\mathrm{r}}{\mu k}$，将对方程式（6.7）和式（6.8）的无量纲形式进行计算和讨论。

6.3.2 结果和讨论

使用龙格库塔算法对方程式（6.7）和式（6.8）进行数值计算。粒子的初始位置为空间随机分布，角度为［0，2π］区间的随机角度。为了让系统达到稳态，且模拟结果不受积分时间和步长的影响，选取积分时间步长 dt 小于 10^{-3}，总积分时间大于 10^4。为了增大计算精确度和减小统计误差，做了 100 次模拟。若无特别说明，其他参量设置为 $L=40.0$、$Q=10\times10$、$k=100$、$N=1024$ 及 $\phi\approx0.5$。

图 6.12 描绘了手征活性粒子混合物在不同 ω 下，$\omega_c=1.0$、$\omega_H=0.5$、$v_0=1.0$ 及 $D_r=0.001$ 时的粒子分布图。当 $\omega=0.0$ 时，所有粒子相同且没有自驱动旋转，粒子的运动完全取决于磁相互作用和自驱动速度 v_0。所有粒子在外加磁场作用下同时旋转，且往同一方向运动，如图 6.12（a）所示。此时，两种粒子没有分离。随着 ω 增加，手征差异性增大，与磁相互作用互相竞争，导致了逆时针旋转粒子聚集成一个或几个大型团簇，并沿同一方向集体运动。此时，两种类型粒子分离（见图 6.12（b）和（c））。尽管如此，当 ω 继续增大（见图 6.12（d），$\omega=5.0$），自驱动手征旋转控制了粒子运动，粒子形成许多小团簇，团簇尺寸正

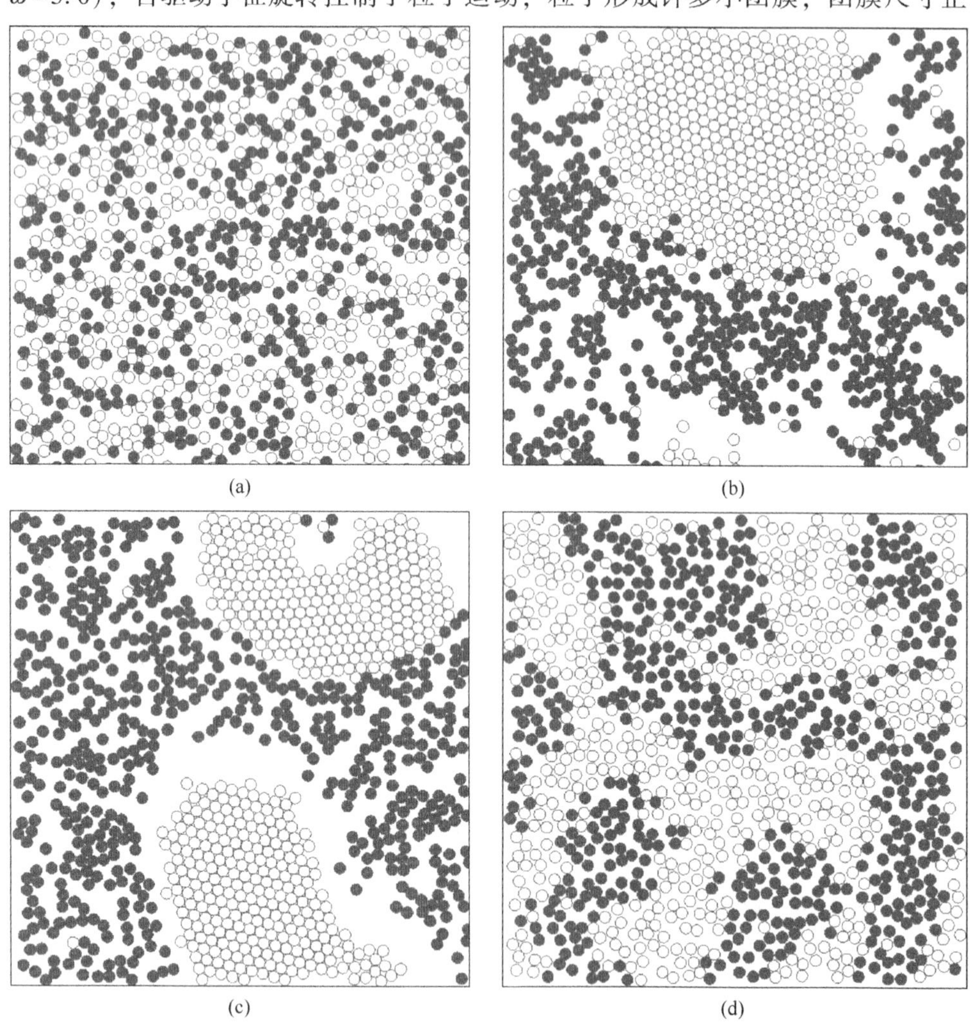

图 6.12　逆时针旋转粒子（白色）和顺时针旋转粒子（黑色）的混合物分布

（其他参量设置为 $\omega_c=1.0$，$\omega_H=0.5$，$v_0=1.0$ 及 $D_r=0.001$）

（a）$\omega=0.0$；（b）$\omega=1.0$；（c）$\omega=3.0$；（d）$\omega=5.0$

比于 $1/\omega$，粒子混合且没有对齐。

为了描绘在旋转磁场作用下手征活性粒子的动力学行为，研究了分离系数 S 和极性对齐参数 P 随 ω、v_0、D_r、ω_c、ω_H 及 ϕ 和 L 的变化，如图 6.13～图 6.22 所示。结果显示，粒子的对齐取决于磁场强度，因此强磁场将导致 P 很大。

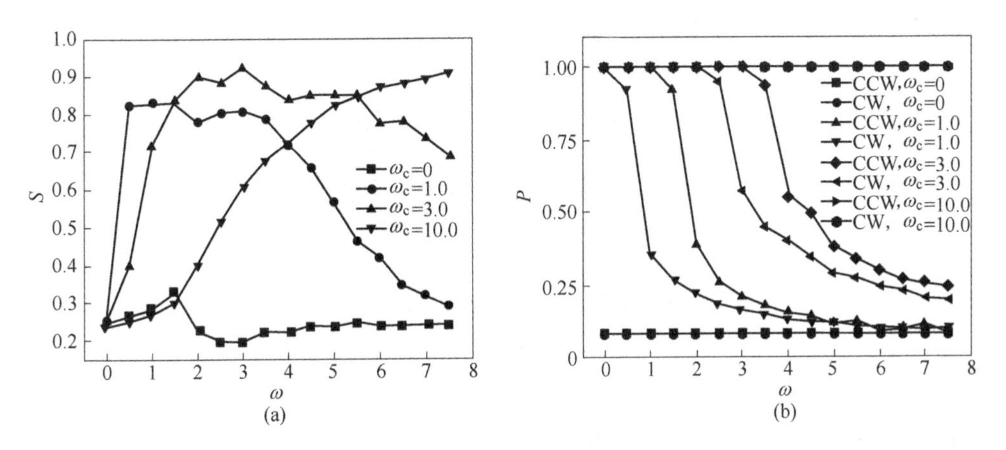

图 6.13 在不同 ω_c 下，分离系数 S（a）及极性对齐参数 P（b）随旋转角速度 ω 的变化
（其他参量设置为 $\omega_H=0.5$、$v_0=1.0$ 及 $D_r=0.001$）

图 6.13 显示了在不同 ω_c 下，分离系数 S 和极性对齐参数 P 随角速度 ω 的变化。结果表明，存在最优值 ω 使分离系数 S 达到最大值。峰值的位置随 ω_c 的增加往 ω 增大的方向移动。S 和 P 的值随 ω_c 变化显著。当 $\omega_c=0.0$ 时，没有外加磁场，粒子随机聚集成许多小团簇。因此 S 和 P 很小。值得注意的是，如果加上边界限制，团簇的尺寸将会增加，从而形成分离的斑图[46]。当 ω_c 增大，外加旋转磁场和磁性粒子的磁相互作用促进逆时针旋转粒子（CCW）随外加磁场同步旋转，从而形成一个或多个大型团簇。由于存在粒子间排斥相互作用[48]，不同手征性的粒子分离，分离系数达到 0.9（见图 6.13（a），$\omega_c=3.0$）。此外，强的磁相互作用导致对齐参数增大。随着 ω 增加，自驱动旋转控制粒子运动，在 $\omega_c=1.0$ 和 3.0 时，对齐参数 P 减小，如图 6.13（b）所示。特别地，逆时针旋转粒子的对齐参数总是大于顺时针旋转粒子的对齐参数。当 ω_c 继续增大，由于在 ω 很小时，手征差异性消失，所以只有在 ω 大时才发生分离（见图 6.13（a），$\omega_c=10.0$），同时任意 ω 下 $P\to 1$。

为了更清楚地研究分离系数 S 随 ω 和 ω_c 的变化，图 6.14 绘制了在 $\omega_H=0.5$、$v_0=1.0$ 及 $D_r=0.001$ 时，分离系数随系统参数 ω 和 ω_c 变化的相图。结果显示，两种类型的粒子在手征差异性与磁相互作用竞争时发生分离现象。如果两者任何一个占主导地位，粒子将不会形成大型团簇。特别地，在浅色分离区域内，存在几个粒子混合点（三个深色方块），这意味着顺时针旋转粒子的手征性

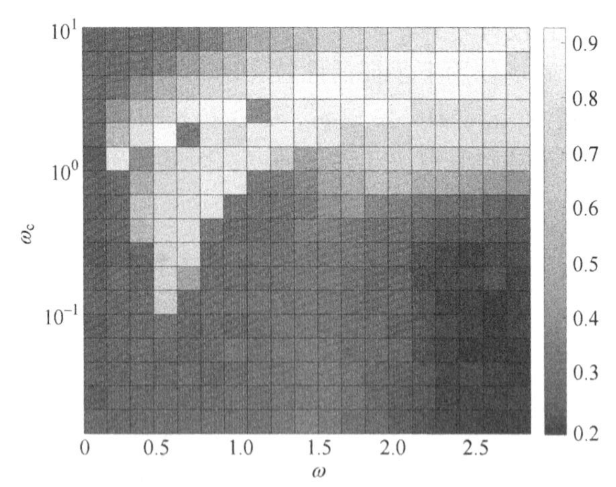

图 6.14　分离系数 S 随系统参数 ω 和 ω_c 变化的相图

（其他参量设置为 $\omega_H=0.5$、$v_0=1.0$ 及 $D_r=0.001$）

在该点(ω，ω_c)发生反转。这是由于磁相互作用超过了手征差异性作用，顺时针旋转粒子改变手征性，和逆时针旋转粒子混合。这一结果将在下面讨论中提及。

图 6.15 显示了在不同磁场频率 ω_H 下，分离系数 S 及极性对齐参数 P 随旋转角速度 ω 的变化。图 6.15（a）显示在中间频率 $\omega_H=1.0$ 时粒子分离；随 ω_H 增大，磁相互作用控制了粒子运动，混合粒子变得均匀。图 6.15（b）显示了磁场频率越大，粒子运动越无序。只有当 ω 和 ω_H 值匹配时，粒子才有序运动。当粒子受到静止的外加磁场（$\omega_H=0$）时，两种类型的粒子受到大小相同方向相反的力，因此曲线重合。当 $\omega_H>0$ 时，逆时针旋转粒子比顺时针旋转粒子更容易对齐。当磁场频率很大（$\omega_H=3.0$），$\omega\to 0$ 时，逆时针旋转粒子无序，而当 ω 很大时，又变得有序。而顺时针旋转粒子的对齐参数随 ω 的增大而减小。

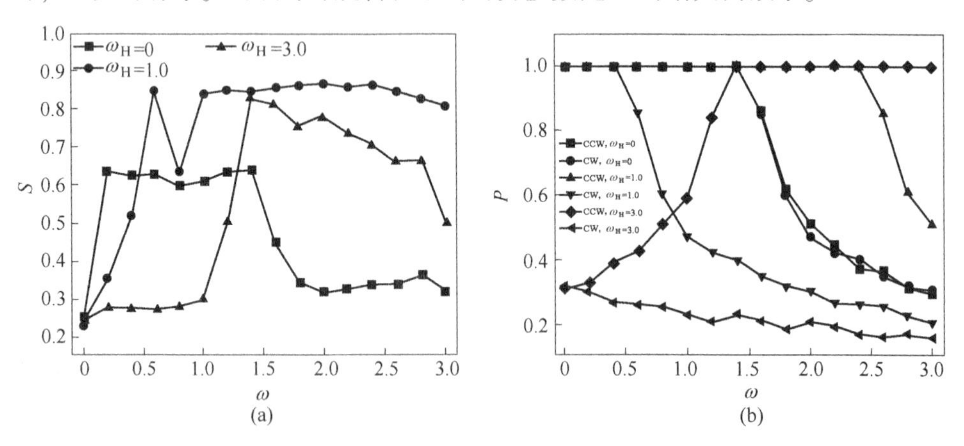

图 6.15　在不同 ω_H 下，分离系数 S（a）及极性对齐参数 P(b）随旋转角速度 ω 的变化

（其他参量设置为 $\omega_c=1.5$，$v_0=1.0$ 及 $D_r=0.001$）

为了更清楚地研究分离系数 S 随 ω 和 ω_H 的变化，图 6.16 绘制了 S 随 ω 和 ω_H 变化的相图。结果显示，匹配合适的 ω 和 ω_H 值能促进两种类型粒子的分离。

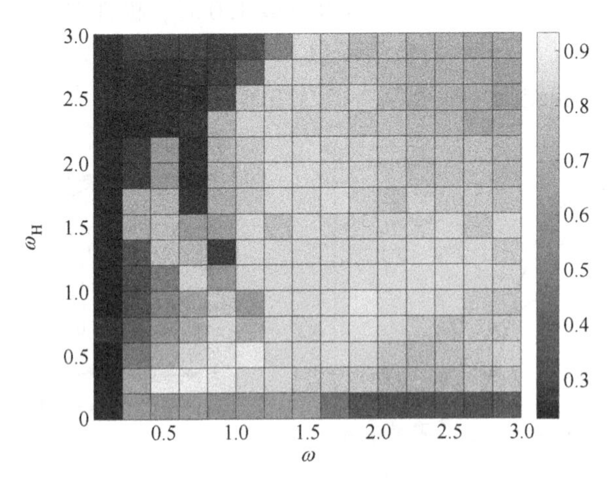

图 6.16 分离系数 S 随系统参数 ω 和 ω_H 变化的相图

（其他参量设置为 $\omega_c=1.5$，$v_0=1.0$ 及 $D_r=0.001$）

图 6.17 显示了在不同 ω_c 下，分离系数 S 及极性对齐参数 P 随旋转扩散系数 D_r 的变化。旋转扩散系数 D_r 反映了角速度的波动。当 D_r 很小时，S 取决于手征性和磁相互作用的竞争，达到最大值。除 $\omega_c=0.5$ 外，极性对齐参数 $P\to 1$。当 $D_r\to\infty$，自驱动角度变化很快，粒子随机运动，S 和 P 趋于零。因此，分离系数和对齐参数随着 D_r 的增加而减小。

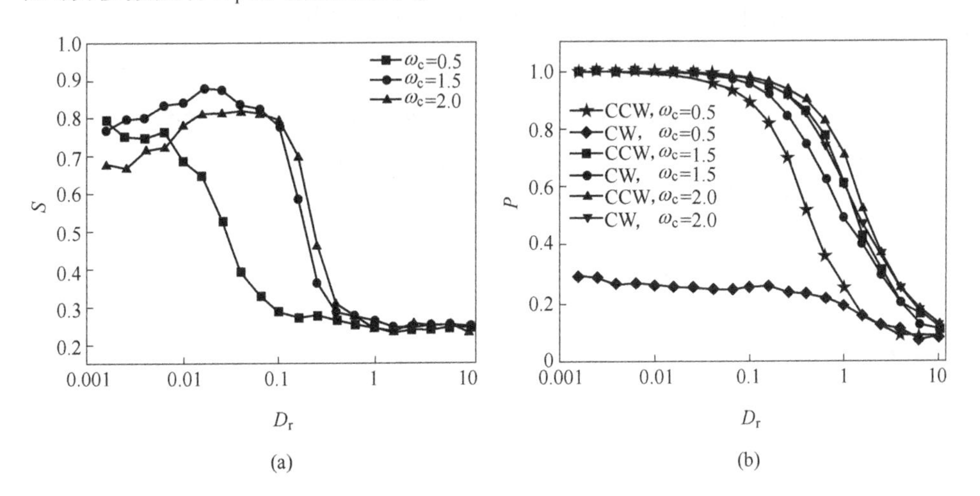

图 6.17 在不同 ω_c 下，分离系数 S（a）及极性对齐参数 P（b）随旋转扩散系数 D_r 的变化

（其他参量设置为 $\omega=0.5$，$\omega_H=0.5$ 及 $v_0=1.0$）

图 6.18 显示了在不同 ω_H 下，分离系数 S 及极性对齐参数 P 随旋转扩散系数 D_r 的变化。旋转扩散系数 D_r 反映了角速度的波动。当磁场频率很高（$\omega_H=3.0$）时，S 和 P 几乎不随 D_r 改变。当 $\omega_H=0.0$ 或 1.0 时，极性对齐参数 P 随 D_r 的增加而减小。分离系数 S 为 D_r 的峰值函数。当旋转扩散系数很大时，自驱动角度变化很快，手征性和磁旋转都可忽略，因此 S 和 P 都趋于零。

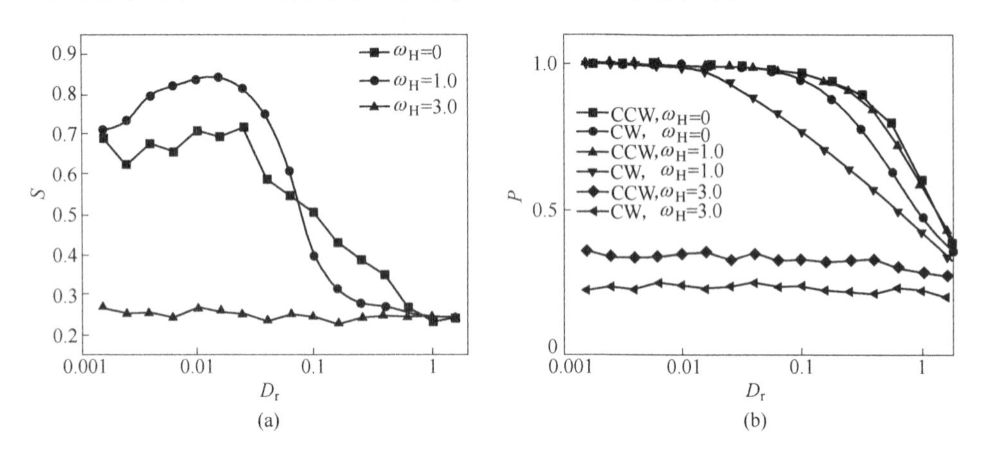

图 6.18　在不同 ω_H 下，分离系数 S（a）及极性对齐参数 P（b）随旋转扩散系数 D_r 的变化
（其他参量设置为 $\omega=0.5$，$\omega_c=1.5$ 及 $v_0=1.0$）

图 6.19 描绘了在不同 ω_c 下，分离系数 S 及极性对齐参数 P 随自驱动速度 v_0 的变化。从方程式（6.7）可知，粒子的平动完全取决于自驱动速度和粒子间的排斥力。当 $v_0 \to 0$，自驱动速度可忽略，粒子间的排斥相互作用起主导作用，粒子扩散，因此 S 很小。当 v_0 很大时，自驱动速度控制粒子运动，S 趋于零。因

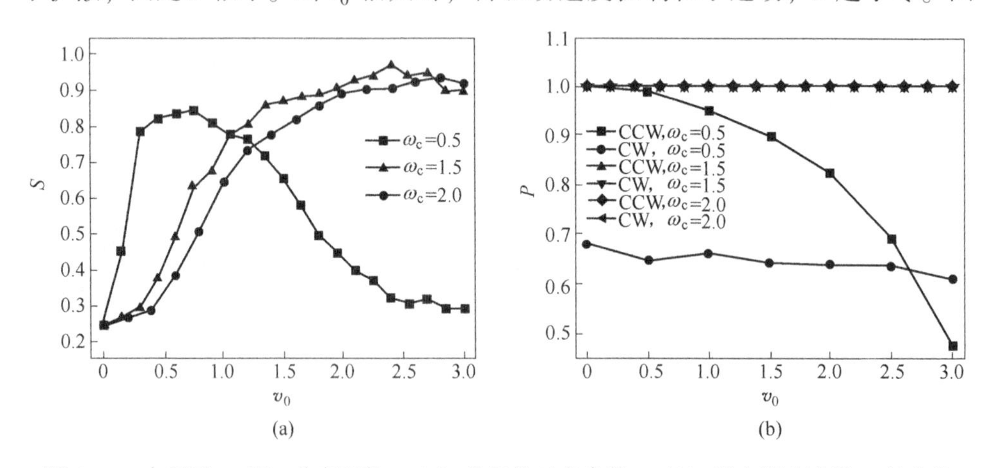

图 6.19　在不同 ω_c 下，分离系数 S（a）及极性对齐参数 P（b）随自驱动速度 v_0 的变化
（其他参量设置为 $\omega=0.5$，$\omega_H=0.5$ 及 $D_r=0.001$）

此，存在最优值 v_0 使得 S 达到最大值。由图 6.19（b）可知，磁场强度很大（$\omega_c=1.5$ 及 2.0）时，粒子速度几乎完全对齐。当 $\omega_c=0.5$ 时，逆时针旋转粒子的对齐参数 P 随 v_0的增加单调减小，而顺时针旋转粒子变化很微小。

图 6.20 显示了在不同 ω_H 下，分离系数 S 随自驱动速度 v_0的变化。由图可知，S 是 v_0 的峰值函数。当取合适的磁场频率如 $\omega_H=1.0$ 时，分离系数达到最大值 0.9。尽管如此，静止的磁场（$\omega_H=0$）抑制了粒子的分离；而快速旋转的磁场（$\omega_H=3.0$）搅动系统使其达到均匀状态。

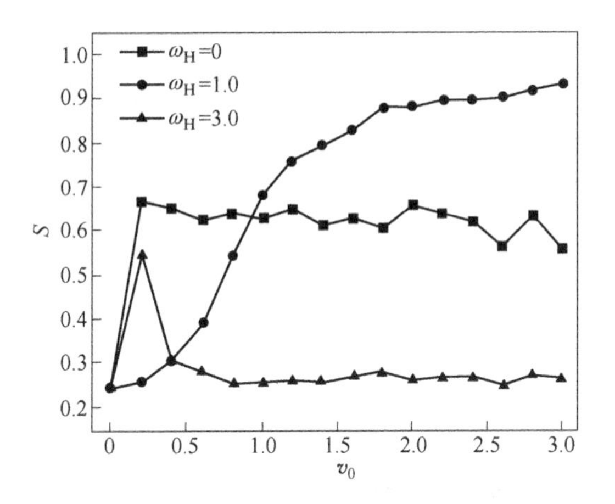

图 6.20 在不同 ω_H 下，分离系数 S 随自驱动速度 v_0的变化

（其他参量设置为 $\omega=0.5$，$\omega_c=1.5$ 及 $D_r=0.001$）

图 6.21 绘制了分离系数 S 随粒子填充率 ϕ 的变化。固定粒子数 $N=1024$，粒

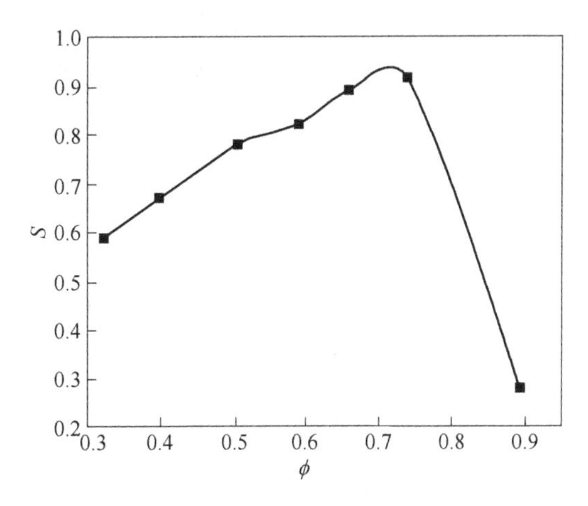

图 6.21 分离系数 S 随粒子填充率 ϕ 的变化

（其他参量设置为 $\omega=0.5$，$\omega_H=0.5$，$\omega_c=1.5$，$v_0=1.0$ 及 $D_r=0.001$）

子填充率 ϕ 由 0.32 变至 0.9。当 $\phi\approx 0.9$ 时，粒子处于拥挤状态，粒子间碰撞频繁，因此 S 很小。当 $\phi\approx 0.32$，粒子间平均距离很大，由于手征差异性和磁相互作用的竞争，粒子形成很小的团簇运动，两种类型的粒子混合。因此存在最优值 $\phi\approx 0.72$，使粒子完全分离，分离系数 S 达到 0.95。图 6.22 显示了分离系数 S 随空间尺寸 L 的变化。结果表明，在粒子填充率固定为 $\phi=0.50$ 时，分离系数 S 几乎不随空间尺寸 L 变化。

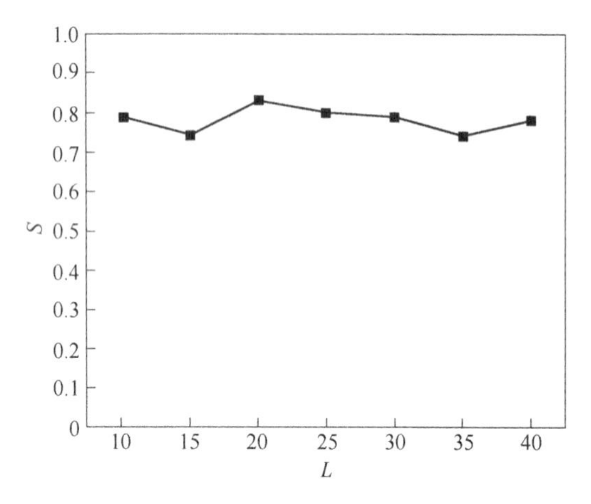

图 6.22 分离系数 S 随空间尺寸 L 的变化

（其他参量设置为 $\phi=0.5$，$\omega=0.5$，$\omega_H=0.5$，$\omega_c=1.5$，$v_0=1.0$ 及 $D_r=0.001$）

6.4 本章小结

在二维周期边界条件下，本章提出了两种手征活性粒子混合物的分离方法[66,67]。首先，通过外加时间延迟反馈，分别研究了角速度 ω、反馈强度 K_{fb}、反馈时间 τ、转动扩散系数 D_θ、自驱动速度 v_0 及填充率 ϕ 对粒子有效扩散系数 D 和分离系数 S 的影响。手征活性混合粒子体系在没有驱动源时并不包含自分离属性，但存在时间延迟反馈时，系统的原有状态参量与反馈相耦合，形成对混合粒子系统的驱动。由于两种粒子在不同参数空间中对驱动的响应存在差异，当 ω、D_θ、v_0 及 ϕ 取最优值：（1）当 $K_{fb}>6.0$，$\tau>1.0$ 时，时间延迟反馈使得逆时针旋转粒子加快旋转角速度，而对顺时针旋转粒子几乎无影响，逆时针旋转粒子扩散完全由粒子之间相互作用控制，顺时针旋转粒子扩散由自身参数和相互作用力大小共同决定，$S>0.8$，粒子分离。（2）当 $K_{fb}<6.0$，$\tau<1.0$ 时，时间延迟反馈对两种粒子角速度调制差异较小，两种粒子扩散不仅与粒子之间相互作用有关，也与自身参数（角速度、自驱动速度及转动扩散系数）有关，S 较小，粒子混合。所以，粒子是否实现分离是由两种粒子扩散的控制因素决定。因此可以通过调节

时间延迟反馈的强度和反馈时间来控制逆时针旋转粒子扩散受到顺时针旋转粒子扩散的影响程度，继而实现粒子分离。其次，通过外加旋转磁场，分别研究了角速度 ω、磁场频率 ω_H、磁场强度 ω_c、转动扩散系数 D_θ、自驱动速度 v_0、填充率 ϕ 及空间尺寸 L 对粒子分离系数 S 和极性对齐参数 P 的影响。通过选择合适的参数，两种类型的粒子分别聚集成大团簇并向同一方向运动，继而分离。当手征差异性或磁相互作用起主导作用时，手征粒子混合；而当两者竞争时，两种类型粒子分离。因此可以通过调节旋转磁场的强度和频率来控制两种手征粒子的对齐和分离。研究结果在许多微生物中有潜在应用，如旋转外场中的磁定向细菌、固体边界附近的细菌及做涡旋运动的精子细胞等。

参考文献

[1] Bechinger C, Di Leonardo R, Löwen H, et al. Active particles in complex and crowded environments [J]. Reviews of Modern Physics, 2016, 88 (4): 045006.

[2] Chen C, Liu S , Shi X, et al. Weak synchronization and large-scale collective oscillation in dense bacterial suspensions [J]. Nature, 2017, 542 (7640): 210-214.

[3] Reichhardt C J O, Reichhardt C. Ratchet effects in active matter systems [J]. Annual Review of Condensed Matter Physics, 2017, 8: 51-75.

[4] Reichhardt C J O, Reichhardt C. Disorder in the wild [J]. Nature Physics, 2017, 13 (1): 10-11.

[5] 夏益祺，谌庄琳，郭永坤. 柔性棘轮在活性粒子浴内的自发定向转动 [J]. 物理学报, 2019, 68 (16): 161101.

[6] 张红，宗奕吾，杨明成，等. 自驱动的Janus微球在具有不同障碍物的表面上的运动行为研究 [J]. 物理学报, 2019, 68 (13): 134702.

[7] Vale R D, Milligan R A. The Way Things Move: Looking Under the Hood of Molecular Motor Proteins [J]. Science, 2000, 288 (5463): 88-95.

[8] Leptos K C, Guasto J S, Gollub J P, et al. Dynamics of Enhanced Tracer Diffusion in Suspensions of Swimming Eukaryotic Microorganisms [J]. Physical Review Letters, 2009, 103 (19): 198103.

[9] Howse J, Jones R, Ryan A, et al. Self-motile colloidal particles: from directed propulsion to random walk [J]. Physical review letters, 2007, 99 (4): 048102.

[10] Van Teeffelen S, Löwen H. Dynamics of a Brownian circle swimmer [J]. Physical Review E, 2008, 78 (2): 20101-20101.

[11] Tjhung E, Cates M E, Marenduzzo D. Contractile and chiral activities codetermine the helicity of swimming droplet trajectories [J]. Proceedings of the National Academy of Sciences, 2017, 114 (18): 4631-4636.

[12] Friedrich B M, Jülicher F. Chemotaxis of sperm cells [J]. Proceedings of the National Academy of Sciences, 2007, 104 (33): 13256-13261.

[13] Leonardo R D, Dell'Arciprete D, Angelani L, et al. Swimming with an Image [J]. Physical Review Letters, 2011, 106 (3): 38101-38101.

[14] Shenoy V B, Tambe D T, Prasad A, et al. A kinematic description of the trajectories of Listeria monocytogenes propelled by actin comet tails [J]. Proceedings of the National Academy of Sciences, 2007, 104 (20): 8229-8234.

[15] Von Lospichl B, Klapp S H L. Time-delayed feedback control of shear-driven micellar systems [J]. Physical Review E, 2018, 98 (4): 042605.

[16] Lopez B J, Kuwada N J, Craig E M, et al. Realization of a Feedback Controlled Flashing Ratchet [J]. Physical Review Letters, 2008, 101 (22): 220601.

[17] Gernert R, Klapp S H L. Enhancement of mobility in an interacting colloidal system under feedback control [J]. Physical Review E, 2015, 92 (2): 022132.

[18] Popli P, Ganguly S, Sengupta S. Translationally invariant colloidal crystal templates [J]. Soft Matter, 2018, 14 (1): 104-111.

[19] Yang Y, Bevan M A. Optimal navigation of self-propelled colloids [J]. ACS nano, 2018, 12 (11): 10712-10724.

[20] Blickle V, Bechinger C. Realization of a micrometre-sized stochastic heat engine [J]. Nature Physics, 2012, 8 (2): 143-146.

[21] Hanes R D L, Jenkins M C, Egelhaaf S U. Combined holographic-mechanical optical tweezers: construction, optimization, and calibration [J]. Review of Scientific Instruments, 2009, 80 (8): 083703.

[22] Evers F, Hanes R D L, Zunke C, et al. Colloids in light fields: Particle dynamics in random and periodic energy landscapes [J]. The European Physical Journal Special Topics, 2013, 222, 2995.

[23] Bewerunge J, Egelhaaf S U. Experimental creation and characterization of random potential-energy landscapes exploiting speckle patterns [J]. Physical Review A, 2016, 93 (1): 013806.

[24] Bäuerle T, Fischer A, Speck T, et al. Self-organization of active particles by quorum sensing rules [J], Nature Communications, 2018, 9: 3232.

[25] Jones P, Marag O, Volpe G. Optical Tweezers: Principles and Applications [M]. Cambridge University Press, Cambridge, UK, 2015.

[26] Nishizawa K, Bremerich M, Ayade H, et al. Feedback-tracking microrheology in living cells [J]. Adv, 2017, 3 (9): e1700318.

[27] Leyman M, Ogemark F, Wehr J, et al. Tuning phototactic robots with sensorial delays [J]. Physical Review E, 2018, 98 (5): 052606.

[28] Lavergne F A, Wendehenne H, Bäuerle T, et al. Group formation and cohesion of active particles with visual perception - dependent motility [J]. Science, 2019, 364 (6435): 70-74.

[29] Adler J. Chemotaxis in bacteria [J]. Science, 1966, 153 (3737): 708-716.

[30] Couzin I D, Franks N R. Self-organized lane formation and optimized traffic flow in army ants [J]. Proceedings of the Royal Society of London. Series B: Biological Sciences, 2003, 270 (1511): 139-146.

[31] Jin C, Hokmabad B V, Baldwin K A, et al. Chemotactic droplet swimmers in complex geometries [J]. Journal of Physics: Condensed Matter, 2018, 30 (5): 054003.

[32] Volpe G, Gigan S, Volpe G. Simulation of the active Brownian motion of a microswimmer [J]. American Journal of Physics, 2014, 82 (7): 659.

[33] Kumari S, Nunes A S, Araújo N A M, et al. Demixing of active particles in the presence of external fields [J]. The Journal of chemical physics, 2017, 147 (17): 174702.

[34] Maggi C, Lepore A, Solari J, et al. Motility fractionation of bacteria by centrifugation [J]. Soft Matter, 2013, 9 (45): 10885.

[35] Berdakin I, Jeyaram Y, Moshchalkov V V, et al. Influence of swimming strategy on microorganism separation by asymmetric obstacles [J]. Physical Review E, 2013, 87 (5-1): 052702.

[36] Yang W, Misko V R, Nelissen K, et al. Using self-driven microswimmers for particle separation [J]. Soft Matter, 2012, 8 (19): 5175-5179.

[37] Weber S N, Weber C A, Frey E. Binary Mixtures of Particles with Different Diffusivities Demix [J]. Physical Review Letters, 2015, 116 (5): 058301.

[38] Costanzo A, Elgeti J, Auth T, et al. Motility-sorting of self-propelled particles in microchannels [J]. EPL (Europhysics Letters), 2014, 107 (3): 36003.

[39] Stenhammar J, Wittkowski R, Marenduzzo D, et al. Activity-induced phase separation and self-assembly in mixtures of active and passive particles [J]. Physical review letters, 2015, 114 (1): 018301.

[40] Ma Z, Lei Q, Ni R. Driving dynamic colloidal assembly using eccentric self-propelled colloids [J]. Soft Matter, 2017, 13 (47): 8940-8946.

[41] McCandlish S R, Baskaran A, Hagan M F. Spontaneous segregation of self-propelled particles with different motilities [J]. Soft Matter, 2012, 8 (8): 2527-2534.

[42] Smrek J, Kremer K. Small activity differences drive phase separation in activepassive polymer mixtures [J]. Physical review letters, 2017, 118 (9): 098002.

[43] Harder J, Cacciuto A. Hierarchical collective motion of a mixture of active dipolar Janus particles and passive charged colloids in two dimensions [J]. Physical Review E, 2018, 97 (2): 022603.

[44] Nourhani A, Crespi V H, Lammert P E. Guiding Chiral Self-Propellers in a Periodic Potential [J]. Physical Review Letters, 2015, 115 (11): 118101.

[45] Mijalkov M, Volpe G. Sorting of chiral microswimmers [J]. Soft Matter, 2013, 9 (28): 6376-6381.

[46] Scholz C, Engel M, Pöschel T. Rotating robots move collectively and self-organize [J]. Nature communications, 2018, 9 (1): 1-8.

[47] Chen Q, Ai B. Sorting of chiral active particles driven by rotary obstacles [J]. The Journal of chemical physics, 2015, 143 (10): 09B612.

[48] Ai B Q, Shao Z, Zhong W. Mixing and demixing of binary mixtures of polar chiral active particles [J]. Soft Matter, 2018, 14 (21): 4388-4395.

[49] Wysocki A, Winkler R G, Gompper G. Propagating interfaces in mixtures of active and passive Brownian particles [J]. New Journal of Physics, 2016, 18 (12): 123030.

[50] Dolai P, Simha A, Mishra S. Phase separation in binary mixtures of active and passive particles [J]. Soft Matter, 2018, 14 (29): 6137-6145.

[51] Ai B. Ratchet transport powered by chiral active particles [J]. Scientific reports, 2016, 6 (1): 1-7.

[52] Nguyen N H P, Klotsa D, Engel M, et al. Emergent collective phenomena in a mixture of hard shapes through active rotation [J]. Physical Review Letters, 2014, 112 (7): 075701.

[53] Agrawal A, Babu S B. Self-organization in abimotility mixture of model microswimmers [J]. Physical Review E, 2018, 97 (2): 020401.

[54] Ai B, He Y, Zhong W. Chirality separation of mixed chiral microswimmers in a periodic channel [J]. Soft Matter, 2015, 11 (19): 3852-3859.

[55] Reichhardt C, Reichhardt C J O. Dynamics and separation of circularly moving particles in asymmetrically patterned arrays [J]. Physical Review E, 2013, 88 (4): 042306.

[56] DiLuzio W R, Turner L, Mayer M, et al. Escherichia coli swim on the right-hand side [J]. Nature, 2005, 435 (7046): 1271-1274.

[57] Shin J, Cherstvy A G, Metzler R. Mixing and segregation of ring polymers: spatial confinement and molecular crowding effects [J]. New Journal of Physics, 2014, 16 (5): 053047.

[58] Di Leonardo R, Dell' Arciprete D, Angelani L, et al. Swimming with an image [J]. Physical Review Letters, 2011, 106 (3): 038101.

[59] Cēbers A. Diffusion of magnetotactic bacterium in rotating magnetic field [J]. Journal of magnetism and magnetic materials, 2011, 323 (3-4): 279-282.

[60] Hennig D. Current control in a tilted washboard potential via time-delayed feedback [J]. Physical Review E, 2009, 79 (4Pt1): 041114.

[61] Yang X, Manning M L, Marchetti M C. Aggregation and segregation of confined active particles [J]. Soft matter, 2014, 10 (34): 6477-6484.

[62] Cates M E, Tailleur J. Motility-induced phase separation [J]. Annu. Rev. Condens. Matter Phys., 2015, 6 (1): 219-244.

[63] Shcherbakov V P, Winklhofer M, Hanzlik M, et al. Elastic stability of chains of magnetosomes in magnetotactic bacteria [J]. European Biophysics Journal, 1997, 26 (4): 319-326.

[64] Cēbers A, Ozols M. Dynamics of an active magnetic particle in a rotating magnetic field [J]. Physical Review E, 2006, 73 (2): 021505.

[65] Ginelli F, Peruani F, Br M, et al. Large-Scale Collective Properties of Self-Propelled Rods [J]. Physical Review Letters, 2010, 104 (18): 184502.

[66] 廖晶晶，蔺福军．混合手征活性粒子在时间延迟反馈下的扩散和分离［J］. 物理学报，2020，69（22）：299-309.

[67] Lin F，Liao J，Ai B. Separation and alignment of chiral active particles in a rotational magnetic field［J］. The Journal of Chemical Physics，2020，152（22）：224903.

7 总结与展望

7.1 总结

本书采用随机 Runge-Kutta 算法求解活性粒子的郎之万方程组，系统地研究了活性粒子的非平衡统计性质，包括输运、扩散、结晶和粒子分离。研究结果一方面把小体系随机动力学理论从过阻尼机制推广到欠阻尼机制，从非手征粒子推广到手征活性粒子，从非相互作用粒子推广到相互作用粒子，丰富了非平衡统计物理框架；另一方面，相关研究可为物理、生物和化学领域中活性物质和生物细胞的实验提供理论解释和指导。具体研究结论如下：

（1）研究了二维通道中手征活性粒子驱动障碍物的输运。结果发现障碍物可以被手征活性粒子驱动沿通道底端定向运动。当障碍物固定时，由于 V 形障碍物位置导致的上下不对称和手征活性粒子内部可以打破热平衡的手征性质导致活性粒子定向运动。手征性决定了活性粒子的运动方向。通过选择合适的系统参数，活性粒子的输运效率可以达到最大值。当 V 形障碍物可以在通道底端移动时，来自于手征活性粒子的非平衡驱动使障碍物发生定向运动。障碍物的运动方向由活性粒子的手征性决定。障碍物与活性粒子运动方向相反。当系统参数取最优值时，障碍物的平均速度可以达到最大值。可以通过修正障碍物的几何结构以及改变粒子数密度来控制障碍物的输运。研究了温差条件包含手征活性粒子的封闭圆环的输运，结果发现，在温差条件下，包含手征活性粒子的封闭圆环会产生定向运动。圆环的运动方向由粒子的手征性决定，研究表明，圆环的运动平均速度 v_s 是活性粒子的角速度 Ω，下壁温度 T_0 及温度差 ΔT 的峰值函数。圆环包含一个手征活性粒子与包含多个手征活性粒子的定向运动行为具有较大差异。特别是，圆环半径 R 对两种情况下圆环的运动行为差异影响较大。当封闭圆环只包含一个粒子时，粒子与圆环的相互作用对圆环定向运动起促进作用，圆环速度 v_c 随圆环半径 R 增大而减小；当封闭圆环包含多个粒子时，粒子间的相互作用起主导作用，圆环半径越大，圆环对粒子的限制作用越弱，圆环速度越大。本书的研究结果可以应用于通过细菌或人工微米粒子来驱动障碍物运动，如混合微设备工程、药物输运、微流体及芯片技术等。

（2）研究了顺磁性椭球粒子在旋转磁场下的输运和扩散。结果表明，旋转磁场作用下的顺磁性椭球粒子可以在上下不对称通道中发生定向运动。外加磁场影响着粒子的输运和扩散。对于活性粒子，其整流和扩散行为不同且复杂。前后摇摆运动利于有效扩散而抑制整流。与磁场同步的旋转运动抑制有效扩散却增强整流效应。当外加不同的磁场（静态或旋转）或不加磁场时，不同形状、自驱动速度和旋转扩散系数的活性粒子的整流和有效扩散展现了不同的行为。当系统参数（各向异性参数、磁场振幅和频率、自驱动速度及旋转扩散系数）取最优值时，平均速度和扩散达到最大值。此外，当外加合适振幅和频率的旋转磁场时，可实现分离不同形状、不同自驱动速度或者不同转动扩散系数的粒子。对于被动粒子，其迁移率和有效扩散有相似的行为，且改变外加旋转磁场频率时，两者相差甚微。与磁场同步的旋转运动增强了迁移率和有效扩散，而前后摇摆运动削弱了迁移和有效扩散。本书的研究结果可以应用于粒子分离、药物释放和多孔介质中污染物的迁移等。

（3）研究了活性粒子在二维时间振荡势中的流反转。结果表明，振荡势和活性粒子的自驱动是两种不同的非平衡驱动，这两种驱动能使得活性粒子往相反的方向运动。当考虑被动粒子在时间振荡势作用下和活性粒子在静止势作用下时，非平衡驱动分别来自于振荡势和活性粒子的自驱动速度，输运方向完全取决于势的不对称参数。当考虑活性粒子在时间振荡势作用下，非平衡驱动来自于振荡势和活性粒子自驱动两者，它们打破了系统热平衡且导致粒子往相反方向运动。当给定势的不对称参数时，输运的方向由自驱动和振荡势两者竞争决定。存在最优振荡角频率（或自驱动速度）使得平均速度达到正负最大值。特别地，当振荡势与自驱动竞争时，通过控制振荡频率或平均速度可以多次改变方向，使不同自驱动速度的粒子向相反方向运动，达到分离目的。该结果可以作为控制和分离活性粒子的新方法。

（4）采用静态结构结晶标准、动态结晶标准以及修正的 Lindemann 参数熔化标准，数值研究了二维空间中惯性活性粒子的相行为。研究发现致密的惯性活性粒子可以结晶。与过阻尼活性粒子相比，惯性阻碍了惯性活性粒子的结晶。当使用静态结构结晶标准和动态结晶标准时，给定阻尼系数时，全局结构序参量和扩散系数是不同的且在任何自驱动力下都不一致；对于较大的自驱动力或较小的阻尼系数，两者变化更缓慢。从冷却和熔化曲线看，无序到有序的转变没有滞后现象。当使用修正的 Lindemann 参数熔化标准（给出固态区域的下限）时，熔点随阻尼系数的增大而减小，Lindemann 参数平稳值随阻尼系数或自驱动力的增大而减小。这三种标准均在阻尼系数较高时急剧变化，在阻尼系数较低时变化较缓慢。在液相时，不同阻尼系数下的结构无差异；随结构序参量的增大两者结构差异变大；当序参量达到 0.8 时，阻尼系数大的结构总体上更有序，但存在液态“气泡”。此外，由于惯性效应，阻尼系数很小时很难结晶成完美的六方晶格。研究结果可为智能材料的设计开辟新的途径。

(5) 提出了两种手征活性粒子混合物的分离方法。首先，通过外加的时间延迟反馈，粒子的混合或分离是由两种粒子扩散的控制因素决定。当时间延迟反馈强度、反馈时间、角速度、自驱动速度、转动扩散系数和粒子密度取最优值时，逆时针旋转（counterclockwise，即 CCW）粒子扩散完全由粒子之间相互作用控制，顺时针旋转（clockwise，即 CW）粒子扩散由自身参数和相互作用力大小共同决定，粒子分离；当两种粒子扩散都由自身参数和粒子相互作用共同决定时，粒子混合。通过调节反馈强度和反馈时间可以调节 CCW 粒子扩散受到 CW 粒子扩散的影响程度，从而达到粒子分离的目的。其次，通过外加旋转磁场，选择合适的参数，两种类型的粒子分别聚集成大团簇并向同一方向运动，继而分离。当手征差异性或磁相互作用起主导作用时，手征粒子混合；而当两者竞争时，两种类型粒子分离。因此可以通过调节旋转磁场的强度和频率来控制两种手征粒子的对齐和分离。该研究可用于混合手征活性粒子分离的实验研究。

7.2 展望

目前，活性物质的研究及其相关理论在生物、物理及化学领域取得极大成功。在模拟环境上，大多研究在二维平面或三维自由空间上，理论模型都假定粒子在平面或自由空间运动；在研究对象上，集中在过阻尼的活性粒子或球形粒子；在粒子相互作用上，大部分只考虑粒子间的短程排斥相互作用；在研究内容上，主要在研究定向输运和扩散。然而，最近的实验研究发现活性物质运动对边界几何形状非常敏感，活性物质在曲面上运动可产生新奇的动力学行为且在自然界中非常普遍，但只有少数理论研究物质在曲面上运动。此外，惯性活性粒子及低对称性粒子也普遍存在，过阻尼粒子在很多情况下不合理；粒子之间的相互作用除了短程排斥相互作用外还存在长程的流体相互作用，或对齐相互作用。因此，下一步的工作可以从 4 个方面开展：(1) 研究活性粒子在曲面上的非平衡统计性质；(2) 将研究对象设为惯性活性粒子或低对称性粒子；(3) 考虑多种粒子间的相互作用；(4) 在研究内容上拓展为研究非平衡相行为，如结晶、玻璃化等。